配电变压器
负荷、油温预测及治理

国网湖南省电力有限公司电力科学研究院
邓威　主编

中国电力出版社
CHINA ELECTRIC POWER PRESS

内 容 提 要

通过对变压器顶层绕组温度的监测及热点温升的及时诊断，开展配电变压器运行风险评估及预警，能有效减少配电变压器故障的发生，保障用户用电的稳定持续。

本书共分 6 章，包括概述、配电变压器负荷预测方法、配电变压器重过载预测修正方法、油浸式变压器顶层油温准实时测算方法、油浸式变压器顶层油温温升预测方法、配电变压器过载过温应急处置与防损毁技术应用策略研究。

本书可供配电网工程相关人员学习使用，也可用作工程现场运行指导书。

图书在版编目（CIP）数据

配电变压器负荷、油温预测及治理 / 邓威主编. —北京：中国电力出版社，2023.7
ISBN 978-7-5198-7875-7

Ⅰ．①配… Ⅱ．①邓… Ⅲ．①配电变压器–研究 Ⅳ．①TM421

中国国家版本馆 CIP 数据核字（2023）第 092851 号

出版发行：中国电力出版社
地　　址：北京市东城区北京站西街 19 号（邮政编码 100005）
网　　址：http://www.cepp.sgcc.com.cn
责任编辑：罗　艳（010-63412315）　常丽燕
责任校对：黄　蓓　郝军燕
装帧设计：张俊霞
责任印制：石　雷

印　　刷：三河市航远印刷有限公司
版　　次：2023 年 7 月第一版
印　　次：2023 年 7 月北京第一次印刷
开　　本：710 毫米×1000 毫米　16 开本
印　　张：11.25
字　　数：181 千字
印　　数：0001—1500 册
定　　价：88.00 元

编写成员名单

主　　编　邓　威

副 主 编　朱吉然　赵永生　周恒逸　康　童

编写人员（排名不分先后）：

李　勇	唐海国	刘　绚	张志丹	张　帝
游金梁	贺思林	周可慧	许顺凯	赵　邈
谢小平	张伟伟	任　磊	任　奇	李红青
李显涛	康　崛	夏　骏	冷　华	杨　淼
万　代	段绪金	莫文慧	彭思敏	郭钇秀
梅玉杰	吴　潮	周大谋	芮志浩	陈　幸
唐　云	李秩期	弈　敏	周芊帆	范凯伦
陈　伟	由　凯	李金亮	王邹俊	宁志毫
王小源	王鹏飞	唐方远	张青松	廖　欣
杨　阜	李　刚	曾　震	方　拓	王　松
谌　杨	朱哲明	刘　奕	陈小容	邓稳星

前　言

　　针对配电网负荷预测应用及配电变压器运行风险治理研究课题，通过中长期负荷预测来进一步测算出现重过载的配电变压器台区（简称"配电台区"），对长期出现重过载的配电变压器按照经济性和安全可靠性的要求进行立项改造，再结合相应的防过载过温损毁治理技术进一步降低配电变压器运行风险。通过对变压器顶层绕组温度的监测及热点温升的及时诊断，开展配电变压器运行风险评估及预警，能有效减少配电变压器故障的发生，保障用户用电的稳定持续。提出具有不同用电特性的配电变压器在高风险运行状态时的差异化应急处置治理技术方案，可提升配电网建设经济性、设备运行安全性及用户用电可靠性。本书主要分为以下三个部分：

　　一、基于多源数据的配电网长中短期负荷预测应用研究

　　（1）融合多源系统数据，采用数据挖掘技术研究配电负荷精细化聚类方法。基于自适应建模和人工智能算法，研究考虑不同负荷特性和时间尺度的负荷预测方法，实现配电网不同周期负荷预测报告的自动生成。

　　（2）基于配电网中长期负荷预测数据，综合考虑配电网投资经济性、用户用电可靠性、设备安全性和老化速度，研究配电网立项改造方案优化方法，辅助配电网改造高质精准立项。

　　二、基于历史运行工况和准实时温度测算的配电变压器运行风险评估预警方法研究

　　（1）基于配电变压器温升试验，构建配电变压器内部绕组、油温场和负荷关联模型，研究配电变压器准实时温度测算方法。

　　（2）考虑配电变压器实际的外部环境与负荷短期变化趋势，研究基于数据驱动的配电变压器运行温度预测方法。

　　（3）基于配电变压器温升预测结果、历史运行工况和外部环境，研究配电变压器实时运行风险评估模型和在线风险预警技术。

三、配电变压器过载过温应急处置与防损毁技术应用策略研究

（1）研究在不同运行场景下通过配电变压器低压分支负荷有序调控轮停、低压储能增容调控、配电变压器冷却降温等应急处置技术的有效性和适应性。

（2）基于配电变压器负荷类型和运行特性，研究配电变压器短时过载过温的分布规律特征，结合不同的配电变压器应急处置技术，提出配电变压器运行风险优化治理策略，形成配电变压器过载应急处置指导性原则。

配电网的数据清洗、基于人工智能算法的配电网长中短期负荷回归预测模型，以及基于中长期负荷预测结果的配电网改造与优化精准立项，可结合现有配电网数字共享应用中心的建设完善，将相关研究成果移植至已推广的平台，辅助指导基层单位开展中长期负荷预测与配电网改造立项方案优化工作。短期负荷预测结果可为基层单位一线人员提前介入配电变压器运维提供依据，并可通过平台自动下发配电变压器风险评估和风险预警信息，从而准确掌控配电变压器过载过温运行风险情况，保障配电网运行安全可靠性。部分随机、季节性负荷、突发高峰用电期负荷水平等较突出的配电台区，可提供差异化的应急处置技术方案，指导基层单位工作人员提前展开应急处置准备工作，如可在合适位置配置合适的增容移动储能装置、在合适的分支位置配置或更换低压负荷智能调控断路器、采用快速冷却散热装置等，可有效解决迎峰度夏/度冬及节假日等负荷水平突增造成的短时重过载进而引发配电变压器温升过高的问题，提高低压供电的持续性及可靠性。上述内容在后续平台功能升级、配电网改造支撑立项、配电变压器运行风险实时预警、配电变压器过载过温运行风险治理方案等各方面具有广泛的应用推广价值。

编　者

2023 年 5 月

目 录

前言

第1章

概　　述

1.1　背景和意义

1.1.1　研究背景

随着社会经济的飞速增长，配电网架构日趋庞大、复杂。生产、生活对供电质量的要求越来越高。配电网中的工业用电、商业用电以及居民生活用电量呈现增长速度快且负荷特性多样化的特征。不同用户间的负荷特性由于不同行业之间生产过程、用电峰谷期的不同而存在差异。同时，电力用户的负荷特性也随着季节更替、天气变化、特征日以及用电区域等因素而改变，部分负荷短时波动剧烈且出现极大的峰谷差。这就要求配电网建设投资要更加精准，电网运行维护工作要由"被动抢修"向"主动运维"转变，而负荷预测是配电网规划设计和主动运维的重要一环，负荷预测的准确性影响着配电网规划和运行的科学合理性。要满足人们日益增长的对电能质量的要求，准确进行配电网负荷预测起着至关重要的作用。目前，针对配电网空间负荷预测的研究较为广泛，如何精准预测具有地域差异特性的供电分区的短期负荷以及中长期负荷，对改善配电负荷网格化管理和规划需求分析，提高供电分区运行效率、用电服务质量以及态势感知能力具有重要意义。

电力负荷预测主要是指结合历史数据和经济社会发展因素等对未来某一个时段的电力运行负荷、用电市场需求、用电发展形势、用电量等因素进行综合预测及数值推算。负荷预测的研究对象是不确定事件，虽然其整体上随着居民和企业的生产活动显现周期性变化，但同时也因受气温、降水、湿度、节假日、市场交易等各种环境因素的制约而显现随机性变化。这种不确定性对负荷预测研究和技术提出了精细化、综合化和多元化发展的需求。因此，添加环境因素、引入新的算法、优化模型结构进而提高负荷预测精度是电力系统稳定、安全、经济运行的关键。在负荷用电量不断增长的环境下，准确的负荷功率预测是引导配电网高效经济运行的必然要求。准确的短中长期电力负荷预测有利于电网安全、经济运行，为电网规划提供基础数据依据，对现代电力系统发展起着重要作用，对电网规划的质量有着决定性影响。对配电网负荷预期过高可能导致大量资源如发电资源、需求响应资源等的浪费；对配电网需求预期过低可能带来电力供应短缺等问题。同时，需要对负荷未来可能存在的异常波动有较强的识别能力，做出提前预警，以尽早制订相应的解决方案。

配电台区、线路负荷随着天气、生产活动、节假日等因素发生变化，与配电变压器、线路的安全可靠运行息息相关，频繁的停电或过载将给人民生活带来极大不便。通过对海量配电网数据的挖掘，旨在对配电台区、线路在一天/一周、月/季度、年等多时间尺度的变化增长情况进行准确预测，提前做好应对措施，支撑配电变压器临时增容、迎峰度夏/度冬负荷提前转供等工作的开展。

1.1.2 研究意义

配电台区运维现状与电力用户日益增长的用电可靠性要求不相适应。大部分配电台区运行环境复杂、负荷时空分布不均衡，而配电台区担负着直接给用户供电的重任，一旦出现停电或电压质量事件，将严重影响电力用户正常用电。

近年来，随着我国经济的进一步发展，居民用电负荷持续高速增长，为保障居民用电负荷可靠持续，配电网也处于大规模升级建设期。但由于配电网立项改造建设方案往往与实际负荷增长情况不相符合，导致出现配电网年年改造但年年发生重过载现象的矛盾。且随着生活水平的提高，广大农村家用电器增长迅速，空调、电磁炉、取暖电器等大容量电器越来越普及。而我国国土辽阔，横跨热带、亚热带、暖温带、中温带、寒温带等多个气候带，用电负荷有着显著的地理分布和季节波动特性。中部以丘陵、山地地形居多的省份，广大农村居民负荷分散，配电台区、线路大部分时间处于轻载状态，迎峰度夏/度冬、重大节假日期间则常出现持续 2h 左右的重过载现象。长期的轻载和偶发性的重过载更加剧了配电网改造立项的难度，如何统筹兼顾配电网改造方案的经济性、设备安全性、居民用电可靠性是亟待解决的问题，准确预测配电网中长期负荷是解决配电网高效精准立项的关键。

通过配电网改造建设可以缓解或降低大部分设备的重过载运行风险，但考虑到改造建设的投资经济性，不能采取无限制增加设备容量的方法来解决配电网季节性、随机性的短时重过载难题，这种情况下需考虑采用应急处置技术来防止配电设备损毁，尤其是作为配电网中损害概率较高的配电变压器，其因负荷持续偏高引起温升过高而损毁的情况时有发生。对此类配电变压器应开展准实时温度测算，并预测其小时级的超短期负荷变化和温升趋势，从而准确评估其运行风险后做出实时预警。在风险达到一定的临界点时，减少其所供负荷、增加其临时容量或者快速降低其运行温度都能在一定程度和时间范围内降低其运行风险，提升供电可靠性，避免设备损毁和供电中断造成的重大经济损失。

通过中长期负荷预测来进一步测算出现重过载的配电台区，对长期出现重过载的配电变压器按照经济性和安全可靠性的要求进行立项改造，再结合相应的防过载过温损毁治理技术进一步降低配电变压器运行风险。通过对变压器绕组温度的监测和热点温升的及时诊断，开展配电变压器运行风险评估和预警，能有效减少配电变压器故障的发生，保障用户用电的稳定持续。短期电力负荷预测可应用于配电变压器风险预警，中长期电力负荷预测可应用于配电网立项改造与优化，再提出具有不同负荷特性的配电变压器在高风险运行状态下的差异化应急处置治理方案，可有效提升配电网建设经济性、设备运行安全性和用户用电可靠性。

部分随机性、季节性、突发高峰负荷等较突出的配电台区，可以提供差异化的应急处置技术方案，指导基层单位提前开展应急处置准备，如通过在合适的位置配置合适的移动储能装置进行增容、在合适分支处配置或更换低压负荷智能调控断路器、采用快速冷却散热装置等，可有效解决因迎峰度夏/度冬、节假日等负荷突增造成的短时重过载进而引起的配电变压器温升过高的问题，提高低压供电持续性和可靠性。该方案在后续平台功能升级、配电网改造立项支撑、配电变压器运行风险实时预警、配电变压器过载过温运行风险治理方案等方面具有广泛的应用推广价值。

建立基于人工智能算法的配电网负荷回归预测模型，考虑不同时间尺度下的配电变压器负荷预测，成果应用后对估计变压器寿命，确切得知何时更换老

3

旧变压器，并根据变压器绝缘状况适当延长变压器使用寿命，从而取得良好的经济效益有着重要意义。研究成果推广后将会提升配电网的信息感知能力和评估配电变压器的负荷能力，对降低电网过载事故、挖掘变压器负荷潜力、优化负荷调控策略、提升配电网安全可靠性具有重要意义。通过预测分析变压器绕组温度，了解变压器过载状态，预测变压器最大过载时间，可以防止变压器因发生故障而造成停电事故以及设备资产的重大损失，并且防止危害环境甚至危及人身安全。研究成果可应用于配电网长中短期负荷预测报告自动生成，支撑配电网改造高质精准立项，提升配电网改造建设成效。基于配电台区准实时温度测算，以及小时级的短期负荷预测，可以准确掌握配电变压器短时内的温升趋势，实现过载过温配电变压器运行风险评估和提前预警。通过多源数据分析、预测和计算，针对因过载过温而存在烧毁风险的不同负荷类型配电变压器，形成合适的应急处置方案，可以降低配电变压器运行风险，避免配电变压器因过载过温而损毁。通过短期负荷预测支撑配电变压器风险预警，通过配电网中长期负荷预测支撑改造立项，再结合配电变压器高风险运行状态下的应急处置治理方案，最终可全面提升配电网建设经济性、设备运行安全性和用户用电可靠性。

1.2 配电网长中短期负荷预测研究现状

负荷预测是电力系统领域的一个传统研究问题，是指从已知的电力系统、经济、社会、气象等情况出发，通过对历史数据的分析和研究，探索事物之间的内在联系和发展变化规律，从而对负荷发展做出预先估计和推测。负荷预测按其预测期限的不同，可分为短期负荷预测和中长期负荷预测，国内外对这两种负荷预测都有一定的研究。

1.2.1 配电网短期负荷预测研究现状

电力系统短期负荷预测对未来一日至一周的负荷进行预测。短期负荷预测是随着电力系统的能量管理系统（energy management system，EMS）的逐步发展而发展起来的，现已成为 EMS 必不可少的一部分和为确保电力系统安全经济运行所必需的手段之一。随着电力市场的建立和发展，对短期负荷预测提出了更高的要求，短期负荷预测不再仅仅是 EMS 的关键部分，也是制定电力市场交易计划的基础。

国内外一般对短期电力负荷预测的模型研究分为三类：第一类是时间序列分析方法，如回归分析法、指数平滑模型法、卡尔曼滤波法、多元线性回归法、傅里叶展开法模型和差分自回归移动平均（autoregressive integrated moving average，ARIMA）模型等，其基本思想是从随机时间序列的过去负荷值及现在负荷值来预测未来负荷值，优点在于考虑了数据的时序性关系，缺点在于对非线性关系数据的预测能力有限；第二类是灰色理论分析方法，如有学者用到了灰色投影和随机森林（random forest，RF）算法，灰色预测模型从理论上讲适用于任何非线性变化的负荷指标预测，但其微分方程指数解比较适合具有指数增长趋势的负荷指标，对于具有其他趋势的指标，则拟合灰度大，精度难以提高；第三类则是神经网络分析方法，如反向传播（back propagation，BP）神经网络、深度信念网络预测、多核支持向量机（support vector machine，SVM）算法被用来完成回归预测，还有专家系统法等，这些算法的共同问题在于缺少对时序数据时间相关性的考虑，需要人为添加时间特征来保证预测的结果。

基于支持向量机的方法也被用于短期负荷预测。这一方法基于 Vapnik 统计学习理论、Huber 稳健回归理论和 Wolfe 对偶规划理论，它具有拟合精度高、推广能力强和全局最优等特点。有学者提出使用小波分析理论对负荷数据进行小波分解，对分解后不同尺度上的负荷序列进行分析，选用相应的模型进行预测，从而简化预测模型的结构，最后通过重构来得到预测结果。有学者应用组合预测方法来进行电力系统负荷预测，将几个电力负荷预测模型有机地结合起来，通过综合各个预测模型的优点，得出更为准确的结果。

长短期记忆（long short-term memory，LSTM）网络是一种有效的非线性循环神经网络（recurrent neural network，RNN），由于其兼顾数据的时序性和非线性关系，被逐渐运用在负荷预测领域。为了提高短期负荷预测的精度，有学者提出了一种基于卷积神经网络（convolutional neural network，CNN）和 LSTM 神经网络的混合模型短期负荷预测模型，简称 CNN-LSTM 网络混合模型，该模型结合了 CNN 和 LSTM 网络的各自特点，先采用 CNN 有效地提取特征图中连续数据之间和非连续数据之间的潜在关系形成特征向量，然后将特征向量以时序方式构造并作为输入数据，再采用 LSTM 神经网络进行短期负荷预测。

1.2.2　配电网中长期负荷预测研究现状

　　配电台区、线路中长期负荷预测是电力系统制定年运行计划和调度策略的重要基础。准确的预测是合理规划的基础，准确的负荷预测有利于提高电网运行的安全稳定性，增强供电可靠性，从而提高电力系统的经济效益和社会效益。

　　目前国内外已有较多研究人员对配电台区、线路中长期负荷预测进行了深入的研究。有学者提出通用的序列预测方法是年度负荷预测的基础，年度预测的历史数据以 5～10 年为宜。由于年度预测具有单调性的特点，灰色预测模型的预测效果较为稳定。月度预测的数据也以 5～10 年各月数据的集合为宜，预测建模时需考虑月度量的年度发展序列和月度发展序列构成的空间网状关系，兼顾纵横两种发展趋势。同样，针对误差累积、预测精度不足等问题，有学者提出了利用外部时序数据与深度挖掘内部时序数据相结合，基于 ARIMA-LSTM 模型的中期电力负荷预测方法。将 ARIMA 与 LSTM 神经网络进行融合的一种多时序协同中期负荷模型，在输入数据特征提取与预测算法优化方面进行了改进，提高了模型预测的精度。支持向量回归（support vector regression，SVR）和多元线性回归分别作为单一模型被选取进行组合，提出了一种基于变权组合模型的中长期负荷概率密度预测方法，能有效解决单一预测模型和固定权重组合模型预测效果不佳的问题。基于欧洲智能技术网络（EUNITE）竞赛电力数据和北美电力数据，提出了一种多因素加法模型，进行中期电力预测。考虑温度、假期、星期等因素对电力负荷产生不同的影响，拟合出这些因素与电力负荷之间的映射关系，相加得到电力负荷预测函数，提高了预测的准确度，降低了运行时间。有学者提出了基于奇异谱分析与神经网络的中期负荷分解预测方法。考虑中期负荷长期趋势性与季节性、周期波动性特点，在中期负荷序列趋势提取的基础上，利用频谱分析确定序列主要周期成分并引入奇异谱分析方法对序列主要周期成分进行滤波分解，对分解所得的各子序列构建神经网络模型进行预测，各子序列预测结果叠加作为最终的电量预测值。在标准 BP 神经网络的基础上，提出了一种结合主成分分析（principal component analysis，PCA）和改进的神经网络的方法来对电网的中长期负荷进行预测。利用 PCA 有效地降低数据样本的维度，消除数据的冗余和线性信息，保留主要成分作为模型的输入数据，在标准 BP 网络的 BP 环节中引入动量项和陡度因子，有效解决了网络收敛速度慢和容易陷入局部最小值的问题。

1.2.3 配电网负荷预测存在的问题

（1）目前短期负荷预测的研究仍然在以下几个方面存在不足：

1）由于不同台区的主要用户会影响台区的负荷特性，专用变压器和公用变压器台区负荷特性差异较大，具有各自的变化规律，因此直接对配电线路进行负荷预测，是直接对负荷混合数据进行预测，无法挖掘不同台区的用电特性规律，会导致线路负荷预测精度不足。

2）电力负荷在不同季节具有明显的分布趋势特点，节假日和生产、生活计划安排也会在不同程度上影响负荷不同时期的变化规律。通常负荷短期预测主要考虑温度、节假日因素的影响，一般通过特征提取或者仅仅输入最近一段时期的历史数据进行预测，并没有充分利用负荷历史同期数据，在负荷变化趋势上缺乏深入分析，不能充分挖掘负荷在不同时段的变化规律。

3）随着智能配电网的不断深入，设备能够采集存储海量配电网数据，负荷数据作为一种时间序列数据，普通的机器学习算法在回归预测过程中没有考虑负荷时间序列特性，无法传递时间序列的有效信息，在一定程度上影响模型的负荷预测效果和泛化性能，需要采用适用于负荷时序数据的预测模型进一步提高预测精度。

（2）目前中长期负荷预测的研究也存在以下几个方面的问题：

1）中长期电力负荷既有随时间推移的缓慢变化趋势，又表现出不同周期相似的波动特征，因此中长期负荷曲线是一种典型的非平稳、非线性时间序列曲线。影响中长期电力负荷的因素种类繁多，由于这些影响因素之间存在着冗余、共线性及不可量化的信息，因此直接将原始数据作为负荷预测模型输入量，会导致模型的输入维数偏多，使网络结构变得复杂、泛化能力降低。将庞大的历史数据作为训练样本，势必会导致预测模型的收敛速度降低，甚至导致无法得到最优的预测结果。

2）中长期负荷预测过程中采样得到的历史负荷实际数据，常常含有异常值。一方面是由于人为因素引起的异常数据，如数据通道通信错误、数据丢失、数据整理错误等；另一方面是突发事件或某些特殊原因导致真实数据出现了非规律性的变化。异常数据的存在会给正常数据带来较大干扰，进而影响预测体系的预测精度，异常数据过大甚至会误导预测体系的预测结果。

3）由于中长期负荷具有较长的时间跨度，对中长期负荷进行预测时，存在着严重的误差累积问题，进而影响模型的预测精度。我国电力市场化改革尚处于起步阶段，中长期交易仍是现阶段我国电力市场的主要交易模式，中长期电力负荷预测的重要性日渐突出；而且随着分布式可再生能源和电能替代设备的并网，以及需求侧响应政策的实施，发电不确定性和用户响应行为的差异性，增加了中长期负荷特征的复杂性，也使中长期电力负荷的准确预测面临极大挑战。

1.3 基于历史运行工况和准实时温度测算的配电变压器运行风险评估预警国内外研究综述

配电台区具有数量庞大、运行环境复杂、拓扑结构多变等特点，其安全运行是保证电网可靠供电的必备条件。目前，云计算、物联网、大数据、人工智能等信息技术正在快速发展，可以挖掘、储存和共享数据量大、结构复杂、类型众多的数据，为智能电网、绿色电力、电力信息系统集成提供了可靠支撑，为配电网大数据分析提供了依据。国内外在配电网数据清洗、状态评估、配电台区等方面开展了一些有益的研究工作，综述如下：

（1）数据清洗方面。中国电力科学研究院有限公司于 2015 年提出了一种面向大规模配电网负荷数据的在线清洗与修复方法，可有效对大规模、混杂、不精确的监测和采集负荷数据进行在线清洗；随后于 2018 年开展了智能配电网多维数据质量评价研究，对电力企业数据异常、冗余与遗漏等质量问题进行多层面、多方位、多角度分析和挖掘，并及时加以改进与修复。上海交通大学提出了一种基于时间序列分析的双循环迭代校验法，并对中国南方电网某变压器和线路的监测数据进行了清洗，能识别并修正数据中的噪声点、填补缺失值。2017年，国网河南省电力公司电力科学研究院基于电网气体绝缘金属封闭开关设备和控制设备（gas insulatedmetal-enclosed switchgear and controlgear，GIS）平台配电变压器经纬度数据计算校验用户台区变压器与该地区其他变压器之间的距离,有效验证了用户与台区变压器拓扑连接关系的准确性。2018 年,国网湖北省电力有限公司电力科学研究院针对依靠人工方式校验配电网线变关系耗时、耗力问题,通过配电网海量运行数据间接反推配电网线变关系,以达到线变基础数据校验及清洗的目的。

(2)状态评估方面。2015 年,中国电力科学研究院有限公司将大数据环境下的研究思路和方法用于用户用电行为和负荷预测两个典型应用场景,给出了智能配用电大数据应用技术架构。2016 年,国网重庆市电力公司电力科学研究院提出了配电变压器运行状态的大数据分析评估方法,构建了评估方法与大数据方法结合的业务流程架构,实现了概率预测与特定指标评价的统一。2016 年,武汉大学探讨了重要用户安全大数据存储处理技术和分析诊断技术,以某重要用户为例,基于电缆温度信息,采用聚类分析的方法对其供电安全潜在风险进行分析,验证了重要用户大数据在用户安全诊断中的可行性。2017 年,河海大学利用大量的配电网历史数据深度挖掘配电网状态信息,提出了一种基于历史数据挖掘的配电网态势感知方法,可以快速、准确地获得配电网实际运行状态和未来发展趋势。

(3)配电台区方面。2014 年,中国电力科学研究院有限公司针对突发性负荷导致农村电网的配电变压器烧损事件,采取新型高过载配电变压器进行治理,阐明新型高过载配电变压器的优势所在,以避免配电变压器遭遇过负荷时所带来的负面影响。国网河北省电力有限公司电力科学研究院针对电网负荷高速增长、变压器负荷率居高不下的现状,提出了一种基于历史负荷趋势的过负荷能力计算方法。2018 年,国网湖南省电力有限公司电力科学研究院针对配电网中三相不平衡普遍存在的问题,推导了配电变压器在三相不平衡时的绕组热点温度的计算模型,提出了三相不平衡对配电变压器带负荷能力的影响研究方法,基于绕组热点温度限制和允许过载倍数限制对三相不平衡时配电变压器的过载能力进行评估。

1.3.1 油浸式变压器温度测量方法研究现状

作为现代电力系统的重要组成部分,变压器的安全稳定运行是保证现代电力系统可靠性与经济性的必要条件。变压器温度越限导致的绝缘性损害与使用寿命削减是影响变压器带负载能力的重要因素之一,所以监测变压器内部温度是判断变压器实时运行状态的有效方法。

传统的变压器温度测量方法有红外测温法、热电偶测温法与热电阻测温法。

（1）红外测温法。红外测温的工作原理是将器件局部位置的热量辐射聚集在相关检测设备上，通过相关计算将设备所测量的辐射功率转换为温度。典型的应用设备为红外热像仪，其通过光学系统将被测物体的红外辐射聚焦在红外探测器的阵列平面上进行成像，通过探测器与相关电路，将其转化为热图像并由终端显示。然而，设备的辐射能量很大程度上取决于其辐射率，辐射率随被测设备的温度与波长变化而变化，所以实际应用中仍需根据被测设备的辐射率对测量结果进行校正。此外，大气吸收作用以及空气中的颗粒物和灰尘会影响被测设备的红外测量精度。

（2）热电偶测温法。热电偶测温的基本原理是结合热电效应原理，将两种不同类型的金属导体连接起来，形成一个统一的电路，如果所连接的亮点的温度不同，则在相应的测量电路中可能会产生一定量的电动势，然后形成电流，即发生热效应。利用这种关系，可以准确测量装置中的热电势值，从而达到良好的控温效果。然而，在实际应用中，一是要保证测量介质的性能与良好的导电性，从而满足热电偶的热电特性；二是要完全控制热电偶参比端与测量端之间的温差，以保持一定的温差。

（3）热电阻测温法。热电阻测温法是利用线圈在发热时电阻的变化来测量线圈的温度。具体方法是利用线圈的直流电阻值随温度升高相应增大的关系来确定线圈的温度，其所测为线圈温度的平均值。在一定的温度范围内，电动机线圈的电阻值将随着温度的上升而相应增大，而且其阻值与温度之间存在着一定的函数关系。

随着光纤测温技术的发展，基于光纤测温技术的光纤传感器因拥有体积小、质量轻、耐高压、耐电磁干扰以及可靠性高等特点被逐渐应用于变压器热点温度的测量。一般在变压器内部绕组中安装由光纤温度传感器、传导光纤与控制器组成的光纤测温仪，利用荧光衰减与温度强相关的原理，通过测量光纤温度传感器表面荧光衰减的速度，来间接测量光纤温度传感器附近的温度，即变压器绕组的温度。若将光纤温度传感器放置在变压器绕组热点位置，所测量的温度即为变压器热点温度。

在国外，光纤温度测量装置研究于 20 世纪 70 年代初步取得成果；于 20 世纪 80 年代完成了从第一代荧光光纤温度传感器到第二代荧光光纤温度传感器的发展，并实现了荧光光纤传感器针对变压器热点温度测量的首次商业化应用；到 21 世纪初由 Luxtron 公司推出的最新一代 WTS – 22 型光纤温度传感器，其兼容了电力行业的温度控制模块，这使得该光纤温度传感器可以通过所测量的变压器热点温度控制冷却装置的运行，以达到调节变压器绕组温度的目的。目前，基于 WTS ThermAsset 系列的光纤温度测量装置被广泛应用于变压器热点温度的测量。

在国内，有关变压器光纤温度传感器的研究起步较晚，从 20 世纪 80 年代起陆续有学者对变压器光纤温度传感器进行研究。近年来，随着我国变压器数量的激增，国内关于变压器光纤温度传感器的研究随着变压器热点温度的研究兴起而兴起。重庆大学通过利用光纤光栅温度传感器搭建了变压器内部温度测量平台，实验结果表明光纤光栅温度传感器能反映变压器内部温度的快速变化，并能有效测量变压器内部温度。华北电力大学将分布式光纤测温系统应用于电力系统（包括变压器）的热点温度测量中，解决了多点在线实时温度监测问题。华中科技大学通过在三相三绕组变压器上安装 56 个光纤布拉格光栅（fiber Bragg grating，FBG）传感器并做相关温升试验以获取变压器绕组的温度分布特性，通过试验与其他测量手段证明 FBG 传感器可以及时反映温度的变化，为油浸式变压器的运行状态判断提供有效依据。沈阳工业大学设计的基于光纤荧光的电力设备温度监测系统解决了因光纤长度过长所导致的测量准确性与长期工作可靠性下降的问题，并提出将测温系统小型化、仪表化的设想。研究人员根据变压器铁芯温升范围的特点，在铁芯上下轭的表面加装 FBG 传感器，结果表明温度变化曲线总体呈下降趋势，但其下降较为平稳与缓慢。研究人员设计了基于布里渊（Brillouin）相关域分析的变压器绕组热点温度测量系统，该系统解决了热点温度测量精度随空间分辨率增大而降低的问题。此外，研究人员还设计了基于分辨率与灵敏度较高的光频域反射技术以及由微凸抛光连接器和传输单模光纤构成的传感光纤的变压器温度测量系统，以该系统测量小型变压器的铁芯温度，证实了其可以测量变压器内部的温度不均匀分布。

然而，即使是发展较为完善的光纤温度传感器，也不可避免地要在变压器内部安装设备，这使得变压器温度测量过程存在隐患。首先，变压器内部结构复杂且在出厂时已安装完备，因加装测量设备而对变压器内部结构进行改造较为繁琐，且从技术角度来看不易实现；其次，变压器热点是绕组温度的最高点，通过安装测量设备直接测量变压器热点温度因准确寻找变压器热点温度位置困难而难以实现；再次，传感器长期处于温度较高的变压器内部，其工作可靠性也要受到挑战；最后，即使通过技术手段将传感器安装于变压器内部，是否会对变压器内部运行状态与绝缘造成影响也难以估量。

1.3.2 油浸式变压器温度计算方法研究现状

考虑上述所提到的在大量变压器内部直接加装温度传感器的缺点，若要通过计算的方法得到变压器的热点温度，首先要通过分析变压器绕组的温升物理过程，得到与变压器热点温度相关的物理量，再经过数据收集、模型验证以及模型优化等，得到可以输入其他相对易获得的物理量后输出变压器热点温度的模型，以这样间接的方式获取变压器热点温度的方法称为变压器热点温度计算方法。

现阶段，国内外普遍采用的变压器热点温度计算方法可分为经验公式法、热路模型模拟法、数值计算法三类。

（1）经验公式法。经验公式法是凭借现场运行经验以及人为简单假设，通过一系列数理关系得到热点温度的方法。在国外，早在 20 世纪一二十年代便通过经验公式法对变压器热点温度进行简单计算。受时代局限性影响，这种经验公式无数理分析作为支撑，单纯依靠从业人员的经验计算得到的热点温度误差较大。随着电力系统的发展与变压器运行环境的日益复杂化，首先对变压器热点温度进行定义，将其描述为环境温度、变压器油箱顶层油温升与变压器油箱热点温度之和再减去顶层油温，在此基础上，分别考虑变压器超负荷情况下油温的变化情况和不同容量的油浸式变压器的热特性，对油浸式变压器热点温度计算经验公式做了进一步完善，经过学者们的归纳总结后，形成了可初步应用于工程实际的变压器热点温度计算导则。此外，考虑了温度实时变化的情况，将其与变压器热点温度计算导则相结合，形成了变压器热点温度实时更新方法；同时考虑了变压器投入使用年限及老化情况对计算导则的影响，并对计算导则进行改进，使其更符合变压器的实际运行工况。在国内，结合多年的现场实际运行经验与不断更新迭代的理论分析，目前大多采用 IEEE C57.91—2011《IEEE 矿物油浸式变压器和步进电压调节器负载导则》（*IEEE guide for loading mineral-oil-immersed transformers and step-voltage regulators*）和 GB/T 1094.7—2008《电力变压器　第 7 部分：油浸式电力变压器负载导则》两套变压器热点温度计算导则中推荐的经验公式来对现场运行的变压器的热点温度进行计算。与前述研究相比，这种经验公式以散热系数的方式考虑了不同散热方式对变压器热点温度计算的影响，同时可以做到根据实时环境温度与变压器运行状况实时更新变压器瞬态热点温度，应用范围较广。然而，经验公式法被证实在部分情况下的计算结构误差较大，目前这种方法一般只适用于变压器热点温度的粗略计算，其结果受运行条件影响较大，计算稳定性较差。

（2）热路模型模拟法。为了从数理根本上对变压器温升过程进行更符合实际的描述，有学者提出了热路模型模拟法，即将热路模型作为变压器热点温度的计算模型，该模型参考电路模型，将促使变压器温度升高的各项功率比作电流源，参考电阻的概念，用热阻表征传热媒介的传热能力，将环境温度等效为电压源，通过联立方程求得变压器热点温度。在该基础上，其他学者提出的热路流体网络模型考虑了变压器温度升高过程中热特性参数非线性变化问题，该模型可以实现变压器热点温度及其位置的定位，但模型复杂度较高。与之相反，有学者提出将传统热路模型简化，直接将环境温度与变压器热点温度联系起来，通过热路系数与环境温度值，联立方程对变压器热点温度进行直接计算，以避免引入中间量顶层油温值造成的误差。采用 Swift、Susa、Tylavsky 和 Annex 四种变压器热点温度计算模型对两种变压器的热点温度进行测算试验，研究结果表明 Swift 与 Susa 热路模型均适用于计算强迫油循环风冷变压器和油浸式风冷变压器的热点温度的计算，Tylavsky 改进经验公式只能用于计算强迫油循环风冷变压器的热点温度，Annex 经验公式计算上述两种变压器的热点温度时误差均较大，该研究为工程实际提供了直接的指导，具有较强的现实意义。研究结果显示，改进后的 Annex 经验公式的计算精度较高，误差可保证在 1℃以内；Susa 热路模型的精度次之，但其引入的油黏度系数并没有使得结果更加准确；Swift 热路模型的精度因其忽略了部分变压器结构参数而最差。有学者考虑了太阳辐射对变压器热点温度的影响，并将太阳辐射功率折算为热源加入热路模型中进行对比分析，研究结果表明太阳辐射对变压器热点温度的影响不可忽略。与经验公式法根本的区别在于，热路模型模拟法考虑了不同变压器的不同结构对热点温度计算的影响，这使得其计算精度更高，但这是建立在热路模型中各项系数准确的基础上的，而要想获得准确的热路模型系数，又需要对变压器进行大量的试验与数理推算，故热路模型模拟法不适用于新型或结构设计不成熟的变压器。

（3）数值计算法。以上两种方法适用于求取变压器的热点温度值以了解变压器内部的热状态，从而判断变压器运行是否存在风险，而数值计算法则侧重于求取变压器内部的温度分布特性，以分析变压器内部结构与材质对变压器内部与外界热量交换的影响，最终实现改善变压器内部结构的目的。基于流体－温度场耦合的研究方法，根据变压器内部结构，对绕组与变压器油流通路径进行二维建模，基于有限元法对流体－温度场的耦合传热方程进行求解以获取变压器内部温度分布，并分析影响热点温度的因素。通过响应曲面设计方法与有限元法可以求解三维流体－温度场耦合模型得到变压器内部的温度分布。还有学者对比分析了通过二维模型和三维模型求取变压器内部温度分布的差异，研究结果表明其根本原因在于三维模型结构中的油流流向与二维模型中的不同，从而导致绕组温度分布存在差异。在流体场与温度场耦合的基础上，同时考虑电磁场对变压器内部热分布的影响有助于提高计算温度精度，然而有限元法在处理电磁－流体－温度场耦合问题时存在效率不高及收敛困难等问题。为此，利用基于有限体积法与特征线法的改进有限元法分别对变压器二维流体－温度场耦合模型和二维电磁－流体－温度场耦合模型的温度分布进行求解，并分析了模型简化与参数变化和选择的问题。有学者将有限差分法与有限元法相结合，对某31.5MVA变压器的温度场进行计算，结果表明该方法的效果优于 IEEE 推荐计算公式与传统有限体积法的效果。采用 CFD 软件对干式变压器的三维电磁－流体－热场耦合模型进行分析，并与人工智能算法相结合，其研究成果对变压器内部结构的设计与进一步优化具有指导意义。

基于以上国内外研究现状，三种变压器热点温度计算方法的特点如下：经验公式法受时代局限性与技术手段能力匮乏的影响，方法较为简单，缺乏一定的理论依据，误差一般较大，适用于对热点温度的粗略计算；热路模型模拟法的数理意义清晰明确，在热路系数准确的情况下计算效果好，应用范围广，但求取准确的热路参数并非易事；相比前两者，数值模拟法的研究目标更侧重于求取变压器内部的温度分布情况以求对内部结构及材料进行改进，而非通过求取某一具体的数值来对变压器运行状态进行判断。

1.3.3　油浸式变压器温度预测方法研究现状

随着人工智能科学与大数据技术的发展，人工智能科学与基于数据驱动的机器学习算法模型已有效应用于负荷预测和故障诊断等细分领域。通过借鉴人工智能在电力系统中的研究成果并与变压器自身特性相结合，可对油浸式变压器温度进行预测研究。

在国外，20 世纪 90 年代便有学者基于人工神经网络算法，提出根据预测的日负荷曲线对负荷较高时变压器的热点温度进行预测的模型，该模型可有效反映变压器热点温度、环境温度与负荷之间的关系。TSK 模糊预测模型、径向基函数神经网络模型、灰色系统理论模型与递归模糊神经系统在变压器热点温度预测问题中均可以应用。有学者将贝叶斯算法应用于改进的神经网络模型，其研究有效提高了变压器热点温度预测精度与模型适应不同数据的能力。在国内，关于变压器热点温度预测问题的研究起步较晚。重庆大学陈伟根团队先后分别利用广义回归神经网络模型和经遗传算法优化的 SVM 模型对变压器热点温度预测问题进行研究，研究结果表明其效果优于一般传统预测模型的效果。上海电力大学彭道刚团队提出利用粒子群优化（particle swarm optimization，PSO）算法优化 SVR 模型的 PSO-SVR 软测量模型并将其用于对变压器热点温度的直接预测，同时与 BP 神经网络与传统 SVR 模型进行对比，验证了所提出模型的优越性。

考虑到变压器热点温度位置难以确定且安装维护成本过高，而变压器顶层油温易测量、工况数据易获得，故近几年变压器热状态预测领域的研究重点倾斜于变压器顶层油温预测方面。在国外，Tylavsky 及其团队对人工神经网络进行各类形式的改造以建立变压器顶层油温预测模型，其效果均优于传统神经网络模型的效果。在国内，华北电力大学王永强及其团队基于热路模型中有关顶层油温的微分方程组，构建基于卡尔曼滤波算法的变压器顶层油温预估模型，研究表明其效果优于 IEEE 推荐顶层油温预测模型的效果。武汉大学李可军及其团队将统计学领域中的 Bootstrap 方法与核极限学习机相结合，提出了一种变压器顶层油温区间预测模型，研究结果表明该模型能为变压器热状态预测提供更迅速、可靠的辅助判断依据；又引入引力搜索算法对模型中的核系数与惩罚系数进行优化，进一步提高了该模型的预测精度。福州大学缪希仁及其团队提出一种基于条件互信息（conditional mutual information，CMI）与长短期时间序列网络（long short-term network，LSTNet）的变压器顶层油温预测模型，其中 CMI 用于筛选与顶层油温强关联的特征量，LSTNet 用于构建主要网络模型，研究结果表明 CMI-LSTNet 预测模型的精度高于 LSTM 神经网络、SVM 等传统模型的精度。国网江苏省电力有限公司的谭风雷参考负荷预测领域的相似日理论，将其细化到相似时刻，考虑气象因素、时间因素与负荷因素计算各时刻相关度，基于待测日各时刻与前时刻相关度对变压器顶层油温进行预测，研究结果表明利用该方法预测变压器短期顶层油温时误差较小，可为实时监测变压器热状态提供重要依据。

1.4 变压器重过载治理及应急措施研究现状

在变压器重过载治理上，利用变压器的安全过载能力可以充分挖掘设备的输电潜力，有效提高设备的利用率，这对于缓解风电的送出矛盾、提高电力企业的经济效益、保障送端电网的安全可靠运行意义重大。长期来看，应用变压器的安全过载能力，可以有效推迟变压器的更新周期，进而降低包括设备、土地、运维、检修、人力等在内的投资运行成本；短期来看，当风电外送通道的部分元件退出运行需要转带负荷时，可允许变压器短时过载运行，尽量保证设备不脱网运行，以满足供电的可持续性。目前，静态提温增容和动态监测增容是应用输电线路安全过载能力的主要技术。静态提温增容主要通过突破现有技术规程，提高输电线路的最高允许运行温度来实现。研究发现，如果将架空输电线路的运行温度阈值由 70℃ 提升至 80℃，可以提高输电线路的载流量 20%，降低新建输电线路投资 10%，具有显著的经济效益。动态监测增容是在不突破现有技术规程的前提下，通过监测输电线路沿线的气象环境参数，结合输电线路的稳态热平衡方程实时确定输电线路的最大载流量。目前，诸如ThermalRateTM 系统、DTM 温度监测系统等动态增容装置已应用在工程实际中，创造了可观的经济效益。针对动态增容装置存在硬件投入和后期运维费用较高的缺点，相关研究提出利用数值天气预报（numerical weather prediction，NWP）实现输电线路动态载流量的预测，即利用大气数学模型生成输电线路沿线气象环境参数的短期预报值,进而实现线路动态载流量的估计。变压器热点温度的计算结果可作为变压器过载运行的限制条件。有学者以热点温度 150℃ 为温度阈值,研究了 500kV 大型油浸式变压器在不同工况下的超铭牌持续运行能力。依据变压器不同场景下的负荷需求,研究人员提出基于温升特性的变压器负荷能力评估模型,该模型的负荷约束条件包括顶层油温、热点温度、相对寿命损失和辅助设备容量。针对变压器的传输容量制约问题,相关文献提出以热点温度与故障率作为安全约束条件,优化变压器的负载能力,实现变压器的动态增容。综合考虑变压器技术参数、出厂温升试验结果以及安全约束条件,基于变压器热点温度的计算模型校核了变压器的安全过载能力,所得结果可为变压器过载运行提供指导。

由上述文献可知,基于人工智能科学与大数据技术的机器学习预测模型应用于变压器热状态预测时,可直接由算法模型与计算机通过不断训练自动获取各特征量与待预测变压器顶层油温之间的关系,无须关注各特征量具体如何影响变压器顶层油温的走向以及影响程度如何,也避免引入冗长的数理推导与复杂参数的演算,极大减小了预测误差;再结合以优化算法为主的参数选取方法,可进一步加强模型的鲁棒性。然而,该预测方法要基于大量精确的、高质量的历史工况数据,特别是变压器顶层油温数据本身,在工程实际中若要对每台变压器机组进行热状态预测研究,为成千上万的变压器加装顶层油温测量设备投入与运维成本过大,极大部分地区尚不具备该条件。因此,若要将上述预测方法应用于工程实际,有必要针对变压器顶层油温历史数据收集困难的问题提出解决方案。

第2章

配电变压器负荷预测方法

2.1 配电变压器负荷数据清洗

2.1.1 基于 LOF-GMM 的配电网负荷异常数据检测研究

在众多的离群点检测方法中，局部离群因子（local outlier factor，LOF）检测方法是一种典型的基于密度的高精度离群点检测方法。在 LOF 检测方法中，通过给每个数据点都分配一个依赖于邻域密度的 LOF，进而判断该数据点是否为离群点。若 LOF 远大于 1，则该数据点为离群点；若 LOF 接近于 1，则该数据点为正常数据点。

1. 距离度量尺度

对于没有相同点的样本集 D，假设共有 n 个检测样本，数据维数为 m，$\forall X_i = (x_{i1}, x_{i2}, \cdots, x_{im}) \in R$, $i = 1, 2, \cdots, n$。

针对样本集 D 中的任意两个数据点 X_i 和 X_j，定义如下几种常用距离度量方式。

（1）Eucild（欧几里得）距离：

$$\text{Euclid}(X_i, X_j) = \sqrt{\sum_{k=1}^{n} (X_{ij} - X_{jk})^2} \tag{2-1}$$

（2）Hamming（汉明）距离：

$$\text{Hamming}(X_i, X_j) = \sum_{k=1}^{n} |X_{ik} \bigcap X_{jk}| \tag{2-2}$$

（3）Mahalanobis（马氏）距离。设样本集 D 的协方差矩阵为 $\boldsymbol{\sum}$ ，记其逆矩阵为 $\boldsymbol{\sum}^{-1}$。若 $\boldsymbol{\sum}$ 可逆，对 $\boldsymbol{\sum}$ 做奇异值分解（singular value decomposition，SVD），可得：

$$\boldsymbol{\sum} = UDV^*　　　　　（2-3）$$

若 $\boldsymbol{\sum}$ 不可逆，则使用广义逆矩阵 $\boldsymbol{\sum}^+$ 代替 $\boldsymbol{\sum}^{-1}$，对其求彭罗斯广义逆矩阵，有：

$$\boldsymbol{\sum}^+ = UD^+V^*　　　　　（2-4）$$

则两个数据点 X_i 和 X_j 的马氏距离为：

$$M_D(X_i, X_j) = \sqrt{(X_i - X_j)^{\mathrm{T}} \boldsymbol{\sum}^{-1} (X_i - X_j)}　　　　　（2-5）$$

马氏距离表示数据的协方差距离，其利用 Cholesky 变换处理不同维度之间的相关性和度量尺度变换问题，是一种有效计算样本集之间相似度的方法。

（4）球面距离。设 A、B 两点的球面坐标为 (x_A, y_A)、(x_B, y_B)，则点 x、y 的球面距离为：

$$d(A, B) = \frac{\pi R}{180} \arccos \angle AOB　　　　　（2-6）$$

2. 第 k 距离

定义 $d_k(O)$ 为点 O 的第 k 距离，$d_k(O) = d(O, P)$，满足如下条件：

1）在集合中至少存在 k 个点 $P' \in D\{P' \neq P\}$，使得 $d(O, P') \leqslant d(O, P)$。

2）在集合中至多存在 $k-1$ 个点 $P' \in D\{P' \neq P\}$，使得 $d(O, P') \leqslant d(O, P)$。

简言之，点 P 是距离点 O 最近的第 k 个点。

3. k 距离邻域

定义 $N_k(O)$ 为点 O 的第 k 距离邻域，满足：

$$N_k(O) = \{P' \in D\{P' \neq P\} \mid d(O, P') < d_k(O)\}　　　　　（2-7）$$

该集合中包含所有到点 O 的距离小于点 O 第 k 邻域距离的点。

4. 可达距离

定义点 P 到点 O 的第 k 可达距离为：

$$d_k(O, P) = \max[d_k(O), d(O, P)]　　　　　（2-8）$$

即点 P 到点 O 的第 k 可达距离至少是点 O 的第 k 距离。距离点 O 最近的 k 个点，它们到点 O 的可达距离被认为是相当的，且都等于 $d_k(O)$。

5. 局部可达密度

定义局部可达密度为：

$$\rho_k(O) = \frac{|N_k(O)|}{\sum\limits_{P \in N_k(O)} d_k(O,P)} \tag{2-9}$$

即点 O 的第 k 邻域内所有点到点 O 的平均可达距离，位于第 k 邻域边界上的点即使个数大于 1，也仍将该范围内点的个数计为 k。如果点 O 和周围邻域点是同一簇，那么可达距离越可能为较小值 $d_k(O)$，则可达距离之和越小，局部可达密度越大。如果点 O 和周围邻域点较远，那么可达距离可能会取较大值 $d(O,P)$，则可达距离之和越大，局部可达密度越小。

6. LOF

定义 LOF 为：

$$\mathrm{LOF}_k(O) = \frac{\sum\limits_{P \in N_k(O)} \dfrac{\rho_k(P)}{\rho_k(O)}}{|N_k(O)|} \tag{2-10}$$

即点 O 的邻域 $N_k(O)$ 内其他点的局部可达密度与点 O 的局部可达密度之比的平均数。如果这个比值越接近 1，说明点 O 的邻域点密度差不多，点 O 可能和邻域点同属一簇；如果这个比值小于 1，说明点 O 的密度高于其邻域点密度，点 O 为密集点；如果这个比值大于 1，说明点 O 的密度小于其邻域点密度，点 O 可能是异常点，如图 2-1 所示。

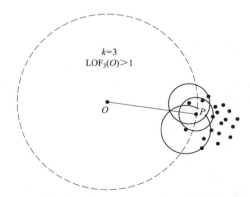

图 2-1 点 O 的 LOF 值大于 1，提示可能为异常点

高斯混合模型（Gaussian mixture model，GMM）通过将多个单高斯模型进行线性组合，使得模型可以拟合更加复杂的样本分布。GMM 算法的概率密度函数为：

$$\begin{cases} p(\boldsymbol{x}) = \sum_{k=1}^{K} \pi_k N(\boldsymbol{x}|\boldsymbol{\mu}_k, \boldsymbol{\Sigma}_k) \\ \sum_{k=1}^{K} \pi_k = 1 \end{cases} \qquad (2-11)$$

$$N(\boldsymbol{x}|\boldsymbol{\mu}_k, \boldsymbol{\Sigma}_k) = \frac{1}{(2\pi_k)^{D/2}|\boldsymbol{\Sigma}_k|^{1/2}} \exp\left[-\frac{1}{2}(\boldsymbol{x}-\boldsymbol{\mu}_k)\boldsymbol{\Sigma}_k^{-1}(\boldsymbol{x}-\boldsymbol{\mu}_k)^{\mathrm{T}}\right] \qquad (2-12)$$

式中：$\boldsymbol{x}$ 为样本的多维向量；K 为聚类项目；π_k 为第 k 个高斯模型在 GMM 中的权重；$N(\boldsymbol{x}|\boldsymbol{\mu}_k, \boldsymbol{\Sigma}_k)$ 为均值为 $\boldsymbol{\mu}_k$、协方差矩阵为 $\boldsymbol{\Sigma}_k$ 的单一高斯模型概率分布函数。

由于 GMM 中单个高斯模型的参数 $(\pi_k, \boldsymbol{\mu}_k, \boldsymbol{\Sigma}_k)$ 均为未知量，通常需要通过期望最大化（expectation-maximum，EM）算法迭代得出。EM 算法分为两步：第一步（E 步骤），通过随机初始化一个参数或基于上一步迭代结果，估计每个高斯模型中的隐变量；第二步（M 步骤），基于上一步估计得出的隐变量结果，反推高斯分布的参数。不断重复上述两个步骤直到算法收敛。

首先，随机初始化 EM 算法参数 $(\pi_k^0, \boldsymbol{\mu}_k^0, \boldsymbol{\Sigma}_k^0)$，执行算法中的 E 步骤，见式（2-13）得到每个样本 x_i 在第 t 次迭代中 GMM 的后验概率 $\gamma(t,k)$。

$$\gamma(x_i|t,k) = \frac{\pi_k^{t-1} N(x_i|\boldsymbol{\mu}_k^{t-1}, \boldsymbol{\Sigma}_k^{t-1})}{\sum_{j=1}^{K} \pi_j^{t-1} N(x_i|\boldsymbol{\mu}_j^{t-1}, \boldsymbol{\Sigma}_j^{t-1})} \qquad (2-13)$$

其次，执行算法中的 M 步骤，见式（2-14）～式（2-16）。通过计算参数的最大似然函数得到在第 t 次迭代中的参数估计值 $(\pi_k^t, \boldsymbol{\mu}_k^t, \boldsymbol{\Sigma}_k^t)$。

$$\pi_k^t = \frac{\sum_{n=1}^{N} \gamma(x_n|t,k)}{N} \qquad (2-14)$$

$$\boldsymbol{\mu}_k^t = \frac{\sum_{n=1}^{N} \gamma(x_n|t,k) x_n}{\sum_{n=1}^{N} \gamma(x_n|t,k)} \qquad (2-15)$$

$$\Sigma_k^t = \frac{\sum_{n=1}^{N} \gamma(x_n \mid t, k)(x_n - \mu_k^t)^{\mathrm{T}}(x_n - \mu_k^t)}{\sum_{n=1}^{N} \gamma(x_n \mid t, k)} \qquad (2-16)$$

最后，计算 GMM 的对数似然函数 L^t，见式（2-17）。交替执行算法 E 步骤和 M 步骤直至该似然函数收敛或迭代次数达到设定最大值，终止算法。

$$L^t = \sum_{n=1}^{N} \ln\left[\sum_{k=1}^{K} \pi_k^t N(x_n \mid \mu_k^t, \Sigma_k^t)\right] \qquad (2-17)$$

在聚类算法的选取过程中，K-means 聚类方法与 GMM 算法均需要人工给定所要聚类的数目，通过不断更新聚类中心以确定不同簇群。K-means 算法的聚类划分依据是样本中每个点与聚类中心的距离，因此该算法对样本数据的密度信息不敏感，适用于更加强调空间距离相似的聚类情况。GMM 算法则是使用多个高斯分布函数进行加权组合来表征样本分布，可以结合样本的空间距离以及样本点的分布密度，聚类效果较好。此外，对于基于密度的含噪声聚类（density-based spatial clustering of applications with noise，DBSCAN）算法，虽然不需要人为指定聚类数目，但是其进行聚类的依据只有样本的分布密度，无法通过该类算法确定异常阈值，并且需要消耗更多时间，因此选取 GMM 算法作为 LOF 阈值划分聚类算法。

2.1.2　基于 RF 的配电网负荷缺失数据填补研究

缺失数据的填补方法有多种，最普遍的就是中位数、平均数、和众数填补，不过这几种方法都太过"粗糙"了。拉格朗日插值法在理论分析中很方便，但当插值节点增减时，插值多项式就会随之变化，这在实际计算中很不方便。随着样点的增加，拉格朗日插值多项式的次数较高，可能出现不一致的收敛情况，会带来误差的振动现象（称为龙格现象），而且计算复杂。在数据连续缺失的情况下，插值效果非常差，甚至会出现错误。线性回归法适用于较短时间间隔内平稳变化的数据，不适用于波动的数据。样条插值法要求其参数 x 是一个递增序列，只能在 x 的取值范围之内进行内插计算。RF 算法是一种集成学习（ensemble learning）算法，其最终结果通过投票获取均值，使得整体模型的结果具有较高精度和泛化性能，但它不适用于属性数目较少和某个属性全缺的情况。

目前，填补缺失数据的主流方法均为单一算法。然而，在实际应用中，缺失数据长度并不相同，既有简单的局部缺失情况，又有长期缺失的情况。将局部缺失定义为在传统配电网负荷数据 15min 级时间尺度下，缺失数据小于半天，即每天 96 个负荷数据点中，缺失区间长度小于 48 个数据点的缺失情况；长期缺失则是缺失数据大于半天，即每天 96 个负荷数据点中，缺失数据区间长度大于 48 个数据点的缺失情况。由于配电网数据量巨大，对于简单的局部缺失，若使用复杂填补算法会导致数据清洗时间过长，效率不佳。因此，基于对 RF 算法和最小二乘回归（least square regression，LSR）算法的填补精度和速度的分析，根据实际缺失数据样本存在局部和长期缺失的情况，结合 LSR 算法计算时间短与 RF 算法填补精度高的优势，设计了一种 LSR-RF 缺失数据自动填补流程，自动划分缺失数据长度，并根据不同缺失区间长度选择合适的填补算法，既保证填补准确性又降低算法运行时间。

在该流程中，首先统计原始样本中缺失数据区间的长度，按照设定的判别阈值将不同长度的缺失部分划分为局部缺失和长期缺失。对于局部缺失部分，使用 LSR 算法处理，将缺失区间邻近的数据样本作为训练数据，建立回归模型并训练，最后以模型预测结果对局部缺失部分进行填补。对于长期缺失部分，使用 RF 算法处理，合理设置 RF 算法中决策树的数量，可以有效降低运算时间，将缺失区间邻近的数据样本作为训练样本，建立回归模型并训练，最后以模型预测结果对长期缺失数据进行填补。经过该流程两次不同算法的填补，完成原始样本中所有缺失数据的填补。该流程在保证算法填补准确率的同时降低算法运算时间，从而综合提升数据缺失填补效率。

最小二乘法是一种数学优化方法，其通过最小化误差平方和（sum square error，SSE）寻找样本最佳匹配函数来进行优化。LSR 算法使用最小二乘优化线性回归获取最佳拟合曲线。线性回归结果可表示为式（2-18）所示的直线，假设数据有 m 个样本，n 维特征，则所求解矩阵可用式（2-19）表示。

$$h = \theta_0 + \theta_1 x_1 + \cdots + \theta_n x_n \qquad (2-18)$$

$$\begin{cases} h_1 = \theta_0 + \theta_1 x_{1,1} + \cdots + \theta_n x_{1,n} \\ h_2 = \theta_0 + \theta_1 x_{2,1} + \cdots + \theta_n x_{2,n} \\ \qquad \cdots \\ h_m = \theta_0 + \theta_1 x_{m,1} + \cdots + \theta_n x_{m,n} \end{cases} \qquad (2-19)$$

将矩阵表示为向量形式，应用最小二乘法可得到损失函数为：

$$J(\boldsymbol{\theta}) = \|\boldsymbol{X}\boldsymbol{\theta} - \boldsymbol{Y}\|^2 = (\boldsymbol{X}\boldsymbol{\theta} - \boldsymbol{Y})^{\mathrm{T}}(\boldsymbol{X}\boldsymbol{\theta} - \boldsymbol{Y}) \qquad (2-20)$$

式中：$\boldsymbol{X}$ 为样本矩阵；$\boldsymbol{Y}$ 为真实值矩阵；$\boldsymbol{\theta}$ 为所求曲线参数矩阵，利用最小化损失函数可得到其解析式为：

$$\boldsymbol{\theta} = (\boldsymbol{X}^{\mathrm{T}}\boldsymbol{X})^{-1}\boldsymbol{X}^{\mathrm{T}}\boldsymbol{Y} \qquad (2-21)$$

通过 LSR 算法训练回归模型，填补局部缺失类型数据；对于长期缺失数据，则采用 RF 算法进行处理。RF 算法本质上属于机器学习中的集成学习算法，其通过集成学习的思路将多棵决策树集成，它的基本单元是决策树，每棵决策树都是一个分类器，通过平均所有决策树的结果得到最终输出。

决策树是一种基本的回归与分类算法，一棵完整的决策树包括根节点、叶子节点、内部节点三个部分，其中每个内部节点代表一个属性上的测试，每个叶节点代表一种类别，每个根节点代表一个测试输出。将决策树应用于回归问题时，可以通过方差控制节点分裂，节点方差越小，代表选取的特征取值越多，节点分裂的特征越好。样本方差按式（2-22）计算。将整体样本点不断分裂到不同节点空间，每个节点得到一个预测值，全部节点预测值的平均值就是决策树最终预测结果。

$$\text{Variance}(X) = \frac{1}{N}\sum_{i=1}^{N}\left(y_i - \sum_{j=1}^{N}y_j\right)^2 \qquad (2-22)$$

式中：X 为样本集；N 为数量；y_i 为每个样本值。

（1）RF 的原理。2001 年，Breiman 将其提出的 Bagging 理论与分类回归树（classification and regression tree，CART），以及 Ho 提出的随机子空间（random subspace method，RSM）方法相结合，提出了一种非参数分类与回归算法——RF 算法。其可以取得不错的成绩，主要归功于"随机"和"森林"，前者使它具有抗过拟合能力，后者使它更加精准。RF 的弱分类器使用的是 CART。当数据集的因变量为连续性数值时，该树就是一棵回归树，可以用叶节点观察所得的均值作为预测值；当数据集的因变量为离散型数值时，该树就是一棵分类树，可以很好地解决分类问题。

由于随机决策树生成过程采用的 Boostrap，对数据集随机抽样出 n 个子数据集，按照设定参数从子数据集所有特征中选取多个特征用于节点分割。其余部分类似决策树，最后对所有节点结果进行平均得到 RF 算法最终预测值。所以在一棵树的生成过程并不会使用所有的样本，未使用的样本就叫袋外样本（out of bag），通过袋外样本可以评估这棵树的准确度，其他子树叶按这个原理进行评估，最后可以取平均值，即为 RF 算法的性能。

由于 RF 算法是多棵决策树的集成，所以影响算法精度和运算时间的参数主要为每棵树的参数和树的数量。虽然 RF 算法可以达到更高的填补精度，但算法运行时间也会更长，因此需要合理设置决策树数量。

（2）改进的 RF 的缺失数据填补方法。具体步骤如下：

1）将数据样本矩阵 X_{old} 中含缺失值的列放到矩阵的最前面，即从第 0 列开始按含缺失值多少（由小到大顺序）排列形成 X_{sort} 矩阵。

2）因为 RF 回归模型中不能含缺失值，所以在使用 RF 算法之前要对 X_{sort} 矩阵用 SciPy 中 interpolate 模块的线性插值功能进行缺失数据的首次填补，形成矩阵 X_{new}。

3）将 X_{sort} 的第 0 列与 X_{new} 除掉第 0 列的所有列进行拼接，形成新的 X_{new} 矩阵，这个矩阵只有第 0 列是含缺失值的特征列，也是目标预测列。

4）对 X_{new} 中除掉目标预测列之外的其他特征列做一个特征选择，就是利用袋外样本对每个特征进行迭代和评估分数，然后做一个排序，分数越高，特征越重要；然后利用分数由高到低的顺序进行组合，再看模型精度是否发生变化，从而选择最优特征组合。

5）将 X_{new} 矩阵第 0 列中不含缺失值的所有行列提取出来形成 *Known* 矩阵，令 $y = Known[:,0]$（也就是矩阵中的第 0 列），令 $X = Known[:,1:]$（从第 1 列开始的所有列），如图 2-2 所示。

6）将 X_{new} 矩阵第 0 列中含缺失值的所有行提取出来形成 *Unknown* 矩阵，令 $y_{mis} = Unknown[:,0]$（也就是含缺失值的第 0 列），令 $X_{mis} = Unknown[:,1:]$（也就是除掉含缺失值的第 0 列的其余所有列），如图 2-2 所示。

7）X 即特征属性值，y 即目标（要预测的列），建立 $y \sim X$ 的 RF 回归模型。

8）用得到的模型进行未知特征值预测，即利用 X_{mis} 来预测 y_{mis}。

9）用 y_{mis} 来更新 X_{new} 矩阵，然后将 X_{new} 矩阵和 X_{sort} 矩阵的含缺失值的这几列都循环左移一位，即第 0 列被移到这几列的末尾（比如原数据样本中总共有 4 列含缺失值，那么刚处理过的这一列被循环左移到第 3 列，注意列号是从 0 开始的），原来的第 1 列被移到了第 0 列，然后按刚才的方法处理这新的含缺失值的一列，即跳转到第 3）步循环，直到所有含有缺失值的特征列处理完。

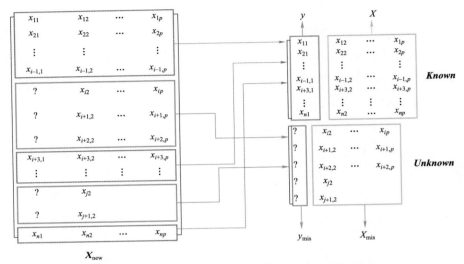

图 2-2 训练集 *Known* 和预测集 *Unknown* 的构造

2.2 配电变压器负荷相关性分析

经典灰色关联分析通过比较序列曲线的几何相似程度判断序列的相关性。在经典灰色关联分析的基础上，发展出了灰色绝对关联分析和灰色相对关联分析两种评价方法。灰色绝对关联分析将序列曲线初始点都平移到零点，通过初始点零化过程消除了空间位置对于曲线形状相似性比较的影响；灰色相对关联分析则将序列曲线各点除以初始点，更看重曲线各点动态变化趋势的相似性。灰色绝对关联分析和灰色相对关联分析两种方法各有优势，可综合考虑两种方法的计算结果，将两种灰色关联度按一定权重求和，最终求得灰色综合关联度。

在灰色关联分析理论中，待分析目标作为分析的主体，其历史数据构成灰色相对关联分析的主行为序列，记为 X_0，其结构可表示为：

$$X_0 = [x_0(1), x_0(2), \cdots, x_0(n)] \qquad (2-23)$$

式中：$x_0(1), x_0(2), \cdots, x_0(n)$ 为主行为序列；n 为主行为序列的长度。

与分析目标可能存在影响关系的数据构成影响因素序列，主行为序列的 m 个影响因素序列依次记为 $X_i \sim X_m$：

$$X_i = [x_i(1), x_i(2), \cdots, x_i(n)], \quad i = 1, 2, \cdots, m \qquad (2-24)$$

在计算灰色绝对关联度时首先需要消除空间位置对序列相似性的影响，因而需要求取主行为序列和影响因素序列的初始点零化像，记其初始点零化像分别为 X_0' 与 X_i'：

$$\begin{cases} X_0' = [x_0(1) - x_0(1), x_0(2) - x_0(1), \cdots, x_0(n) - x_0(1)] \\ X_i' = [x_i(1) - x_i(1), x_i(2) - x_i(1), \cdots, x_i(n) - x_i(1)] \end{cases} \qquad (2-25)$$

计算灰色关联度的两个几何因子 s_0' 与 s_i'：

$$\begin{cases} s_0' = \sum_{k=2}^{n-1} x_0'(k) + \frac{1}{2} x_0'(n) \\ s_i' = \sum_{k=2}^{n-1} x_i'(k) + \frac{1}{2} x_i'(n) \end{cases} \qquad (2-26)$$

最终根据两个几何因子计算灰色绝对关联度 γ_i'：

$$\gamma_i' = \frac{1 + |s_0'| + |s_i'|}{1 + |s_0'| + |s_i'| + |s_i' - s_0'|} \qquad (2-27)$$

计算灰色相对关联度需要对主行为序列和影响序列依次进行初值化和初始点零化。首先需要进行初值化以统一比较数值波动变化的标准。

$$\begin{cases} X_0^0 = [x_0(1) / x_0(1), x_0(2) / x_0(1), \cdots, x_0(n) / x_0(1)] \\ X_i^0 = [x_i(1) / x_i(1), x_i(2) / x_i(1), \cdots, x_i(n) / x_i(1)] \end{cases} \qquad (2-28)$$

接着对初值化像进行初始点零化，获得初始点零化像 X_0'' 与 X_i''：

$$\begin{cases} X_0'' = [x_0^0(1) - x_0^0(1), x_0^0(2) - x_0^0(1), \cdots, x_0^0(n) - x_0^0(1)] \\ X_i'' = [x_i^0(1) - x_i^0(1), x_i^0(2) - x_i^0(1), \cdots, x_i^0(n) - x_i^0(1)] \end{cases} \qquad (2-29)$$

计算几何因子 s_0'' 与 s_i''：

$$\begin{cases} s_0'' = \sum_{k=2}^{n-1} x_0''(k) + \frac{1}{2} x_0''(n) \\ s_i'' = \sum_{k=2}^{n-1} x_i''(k) + \frac{1}{2} x_i''(n) \end{cases} \qquad (2-30)$$

计算灰色相对关联度 γ_i''：

$$\gamma_i'' = \frac{1 + |s_0''| + |s_i''|}{1 + |s_0''| + |s_i''| + |s_i'' - s_0''|} \qquad (2-31)$$

在获得灰色绝对关联度与灰色相对关联度后，综合两种结果计算灰色综合关联度 γ_i，其中权重 α 一般取 0.5。

$$\gamma_i = \alpha\gamma_i' + (1-\alpha)\gamma_i'' \qquad (2-32)$$

2.3 配电变压器短期负荷预测模型与算法

2.3.1 配电网短期负荷预测背景

配电网短期负荷预测是确保配电网经济高效运行的重要技术，其主要根据配电网历史运行数据、外界气象以及时间等节假日信息，挖掘配电网负荷变化的规律与影响因素，推断负荷未来短期内的变化趋势。准确地预测配电网短期负荷，能够为配电系统规划设计、调度运行、能效管理和需求响应提供有效的辅助决策，对于降低发电成本、提升配电网精细化管理运行水平具有重要的意义。

由于配电网所包含的负荷类型复杂多样，因此每类负荷短期波动变化规律各不相同。此外，受到季节更替、气象变化以及节假日等特征因素的影响，各类负荷波动还具有不确定性。随着配电系统负荷种类的增加以及电动汽车等双向灵活性负荷设备的投入并网，配电系统负荷的非线性复杂程度逐渐增强，短期负荷预测的难度也在不断增大。传统短期负荷预测方法主要有趋势分析法、多元线性回归法和自回归滑动平均法等，此类预测方法对于平稳变化的短期负荷较为有效，但在负荷波动频繁的情况下预测效果不佳。因此，如何综合考虑影响负荷变化的规律特点从而提升预测精度与效果，成为负荷短期预测研究的重点与难点。近年来，随着智能电表的普及应用，配电网海量运行数据的采集存储为负荷预测提供了充足的数据支撑。与此同时，人工智能算法的兴起，RF、SVM 和人工神经网络等主流机器学习方法的应用也为配电网短期负荷预测提供了新的思路和方法。

目前，国内外学者针对配电网短期负荷预测开展了大量的研究，其中已有部分研究成果表明对负荷进行合理分类可以改善预测效果。有学者将负荷按照季节变化的气温进行自适应划分，采用优化的离群鲁棒极限学习机算法对负荷数据进行预测，以提升短期负荷预测的效果；基于用电量数据对台区负荷进行多级聚类，构建基于脉冲神经网络的负荷预测模型，实现负荷的精准分类预测；针对用户用电行为进行负荷分解，再利用 PSO-BP 神经网络对负荷数据进行预测，以提高短期负荷预测的准确性。

2.3.2 配电网短期负荷预测模型对比分析

1. LSR 算法

（1）原理。LSR 算法是解决曲线拟合问题最常用的方法，其基本思路是求解目标函数 $L[y, f(x, \omega)] = \sum_{i=1}^{m} [y_i - f(x_i, \omega_i)]^2$ 取最小值的参数 $\omega_i (i = 1, 2, \cdots, n)$，一般形式为 $\min f(x) = \sum_{i=1}^{m} L_i^2(x) = \sum_{i=1}^{m} [y_i - f(x_i, \omega_i)]^2$。

（2）优点。计算过程简单，无须参数设置，计算速度快，运行时间短；有直观的理解和解释，适用于建模关系不是非常复杂且数据量不大的情况。

（3）缺点。因为计算过程简单，运算结果准确率不够高；对于数据中的异常值非常敏感。

2. 弹性网络

（1）原理。弹性网络（ElasticNet）是一种使用 L1 和 L2 先验作为正则项训练的 LSR 模型，是结合 Lasso 与 Ridge 两种典型正则化 LSR 算法特性所提出的改进算法。Lasso LSR 采用 L1 正则化，其在提取稀疏特征的同时容易损失原始信息；Ridge LSR 采用 L2 正则化，正则化系数衰减过慢，较 L1 正则化耗费时间长。ElasticNet 算法同时考虑两种正则化方法，通过合理的参数设置平衡模型稀疏性与训练速度。ElasticNet 模型构造为：

$$\begin{cases} L(\lambda_1, \lambda_2, \mu) = \|Y - X^T \mu\| + \lambda_2 \|\mu\|^2 + \lambda_1 \|\mu\|_1 \\ \tau = \arg\min_{\beta} [L(\lambda_1, \lambda_2, \mu)] \end{cases}$$

式中：τ 为待估计的目标参数矩阵。

令 $\alpha = \lambda_1 / (\lambda_1 + \lambda_2)$，此时等同于求解以下问题：

$$\tau = \arg\min_{\mu} \left\| Y - X^{\mathrm{T}} \mu \right\|^2$$

$$\text{subject to} (1-\alpha)\|\mu\|_1 + \alpha\|\mu\|^2 \leq t$$

正则化项 $(1-\alpha)\|\mu\|_1 + \alpha\|\mu\|^2$ 为 Lasso 和 Ridge 两种正则化项的凸组合，受参数 t 约束。当 $\alpha = 1$ 时，ElasticNet 等价于 Lasso 回归；当 $\alpha = 0$ 时，等价于 Ridge 回归；当 t 趋向无穷大时，ElasticNet 等价于普通 LSR。

（2）优点。当多个特征和另一个特征相关时 ElasticNet 非常有用。Lasso 倾向随机选择其中一个，而 ElasticNet 更倾向选择两个。实践中，在 Lasso 和 Ridge 之间权衡的一个优势是它允许在循环过程中继承 Ridge 的稳定性。另外，ElasticNet 永远可以产生有效解且收敛速度较快。

（3）缺点。ElasticNet 使用的是求导取最小值满足全局最优解，并未使用梯度下降迭代寻找，相对于人工智能算法精度略有不足。

3. XGBoost 算法

（1）原理。XGBoost 是一个开源机器学习项目，其高效地实现了梯度提升决策树（gradient boosting decision tree，GBDT）算法并进行了算法和工程上的许多改进。XGBoost 本质上还是一个 GBDT，但其力争把速度和效率发挥到极致，所以叫作 X（Extreme）GBoosted。目标函数为：

$$Obj^{(t)} = \sum_{i=1}^{n} l\left[y_i, \hat{y}_i^{(t-1)} + f_t(x_i)\right] + \Omega(f_t) + \text{constant}$$

XGBoost 通过泰勒展开来近似原来的目标，使用一阶和二阶偏导：

$$Obj^{(t)} \simeq \sum_{i=1}^{n} l[y_i, \hat{y}_i^{(t-1)} + g_i f_t(x_i) + \frac{1}{2} h_i f_t^2(x_i)] + \Omega(f_t) + \text{constant}$$

XGBoost 的核心思想是：

1）不断地添加树，不断地进行特征分裂来生长一棵树，每次添加一棵树，其实是学习一个新函数 $f(x)$，去拟合上次预测的残差。

2）训练完成得到 k 棵树后，需要预测一个样本的分数，其实就是根据该样本的特征，在每棵树中会落到对应的一个叶子节点，每个叶子节点就对应一个分数。

3）最后每棵树对应的分数加起来就是该样本的预测值。

（2）优点。GBDT 以传统 CART 作为基分类器，而 XGBoost 支持线性分类器，相当于引入 L1 和 L2 正则化项的逻辑回归（分类问题）和 LSR（回归问题）；GBDT 在优化时只用到一阶导数，XGBoost 对代价函数做了二阶泰勒展开，引入了一阶导数和二阶导数；当样本存在缺失数据时，XGBoost 能自动学习分裂方向。

（3）缺点。虽然利用预排序和近似算法可以降低寻找最佳分裂点的计算量，但在节点分裂过程中仍需要遍历数据集；预排序过程的空间复杂度过高，不仅需要存储特征值，而且需要存储特征对应样本的梯度统计值的索引，相当于消耗了两倍的内存。

4. RF 算法

（1）原理。RF 算法是一种功能强大且用途广泛的监督机器学习算法，它生长并组合多个决策树以创建森林，可用于 R 和 Python 中的分类和回归问题。RF 是由很多决策树构成的，不同决策树之间没有关联。当进行分类任务时，新的输入样本进入森林时，就让森林中的每一棵决策树分别进行判断和分类，每个决策树会得到一个自己的分类结果，决策树的分类结果中哪一个分类最多，那么 RF 就会把这个结果当作最终的结果。RF 算法流程如图 2-3 所示。

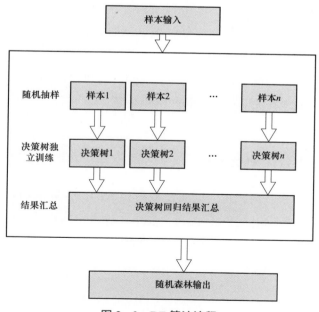

图 2-3 RF 算法流程

（2）优点。RF 算法能够处理很高维度的数据，并且不用做特征选择（因为特征子集是随机选择的）；在创建 RF 时，对普遍误差使用的是无偏估计，模型泛化能力强；训练速度快，容易做成并行化方法（训练时树与树之间是相互独立的）。

（3）缺点。RF 算法在解决回归问题时，并没有像它在分类中表现得那么好，这是因为它并不能给出一个连续的输出。当进行回归时，RF 算法不能做出超越训练集数据范围的预测，这可能导致在利用某些特定噪声数据进行建模时出现过度拟合；对于小数据或者低维数据，可能无法产生很好的分类。

5. SVR 模型

（1）原理。SVR 是作为 SVM 的分支被提出的一种数学模型，它的原理是 SVR 在线性函数两侧制造了一个间隔带，间距为 ε（也叫容忍偏差，是一个由人工设定的经验值），对所有落入间隔带内的样本不计算损失，也就是只有支持向量才会对其函数模型产生影响，最后通过最小化总损失和最大化间隔带的宽度来得出优化后的模型。SVR 与一般线性回归的区别在于，SVR 是数据在间隔带内则不计算损失，当且仅当 $f(x)$ 与 y 之间的差距的绝对值大于 ε 时才计算损失，一般线性回归是只要 $f(x)$ 与 y 不相等就计算损失；另外，SVR 是通过最大化间隔带的宽度与最小化总损失来优化模型，而线性回归是通过梯度下降之后求均值来优化模型。

（2）优点。可用于线性/非线性分类，也可用于回归；具有较低泛化误差；容易解释；计算复杂度较低；可以解决高维问题。

（3）缺点。对参数和核函数的选择比较敏感。

2.3.3　实际应用效果对比分析

（1）负荷较平稳时期。在台区负荷较平稳时期，各算法预测效果及模型计算时间、各种评价指标对比见表 2-1。其中，评价指标包括平均绝对百分误差（mean absolute percentage error，MAPE）、均方根误差（root mean squared error，RMSE）和回归评价指标 R^2。

表 2－1　　　各算法预测效果及模型计算时间、各种评价指标对比

不同算法	时间/s	MAPE/kW	RMSE/%	R^2
LSR	1.381	16.562	19.645	0.747
ElasticNet	1.352	27.262	26.867	0.554
XGBoost	139.336	14.057	15.556	0.842
RF	2.491	11.887	14.387	0.864
SVR 模型	2.076	21.897	21.543	0.696

通过对上述结果的分析可知，在台区负荷较平稳时期，LSR 算法、XGBoost 算法、RF 算法的预测效果较优秀，各项指标表现较好，因此主要考虑采用这三种方法；但是考虑到算法模型计算时间方面，XGBoost 算法消耗时间过长，因此排除该算法。在负荷较平稳时期，LSR 算法和 RF 算法效果相差不大。

（2）负荷剧烈波动时期。在台区负荷剧烈波动时期，各算法预测效果及计算时间、评价指标对比见表 2－2。

表 2－2　　　各算法预测效果及计算时间、评价指标对比

不同算法	计算时间/s	MAPE/kW	RMSE/%	R^2
LSR	1.254	16.830	35.992	0.684
ElasticNet	0.440	25.852	55.687	0.243
XGBoost	143.011	18.615	43.076	0.547
RF	1.482	21.538	48.341	0.430
SVR 模型	0.951	21.847	48.661	0.4222

通过对上述结果的分析可知，在台区负荷剧烈波动时期，SVR 模型、XGBoost 算法、RF 算法的预测效果相差不大，LSR 算法相较于这三种方法各项指标效果更好，模型计算时间也较优秀，结合负荷平稳时期 LSR 算法同样有较好的表现，因此对于台区短期负荷预测考虑主要采用 LSR 算法。

2.3.4 短期负荷预测模型

1. 台区负荷时间变化趋势

季节环境的更替演变，以及温度、不同节假日与生产和用电习惯会导致台区负荷在不同时间上呈现不同的变化趋势。从较长时间尺度来看，每个台区会随着时间的推移仍保持自身的用电特性，但用电功率会随着时间的推移有一定调整，在时间轴上上下浮动，并且在年同期时间变化上呈现相似的趋势特点。

图 2-4 为三种配电台区在 2016～2017 年的同期负荷变化趋势曲线图，每 15min 一个时间点，一年共 35040 个时间点，从上至下每两张图为相同台区的不同年度的同期负荷功率曲线。从图 2-4 可知，相同台区负荷功率的曲线形状以及变化趋势在 2016 年与 2017 年基本保持一致，长时期尺度下变化规律类似。从图 2-4（a）可知，该台区在春季（0～5000）以及冬季（30000～35040）时间点负荷功率较大，且春季负荷变化增长趋势最大，其余时间负荷变化趋势较为平缓，并且负荷水平相比冬、春两季较低；从图 2-4（b）中可知，该台区在一年的变化中将出现两个较低趋势的负荷变化，分别位于 2000～5000 时间点以及 17000～25000 时间点，主要是由于该台区为学校专用变压器，两个时间段分别对应寒、暑假时间，因此该时段负荷用电趋势明显下降。从图 2-4（c）中可知，该台区在长时期尺度上波动较大，主要是由于该台区为工业专用变压器，用电功率变化情况主要受生产计划的影响，投入生产时功率变化趋势增加，未生产时功率变化趋势降低。

根据上述台区负荷时间变化趋势特性分析，可以发现相同台区负荷在不同时间段的同期变化趋势规律类似，不同台区的长时期尺度变化规律不同。由于预测建立在负荷聚类的基础上，考虑实际负荷在长时间尺度上的波动因素，为深入挖掘每类负荷的变化规律，需要分析不同类别的负荷在长时期时间尺度上的变化趋势，因此有必要针对同一类负荷的年同期趋势变化建立相对应的趋势指标，作为该类负荷预测模型的输入，从而建立趋势个性化的负荷预测模型。

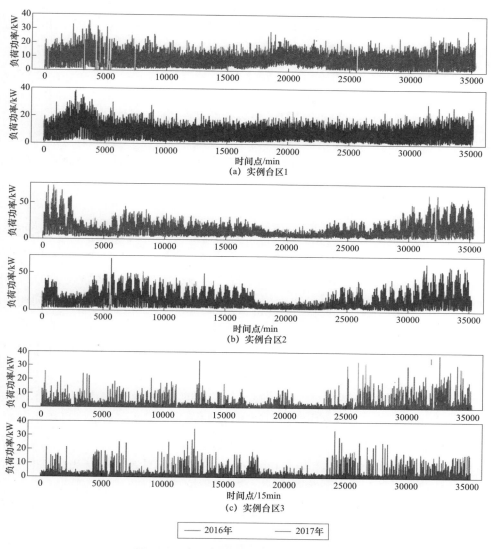

图 2-4 台区年同期负荷变化趋势曲线图

2. 负荷变化趋势指标建立方法

通过对配电网日负荷特性与负荷时间变化趋势特性的分析，初步探索了配电网在不同行业、不同时间下的变化规律。通过对配电网各类负荷的同期变化特性进行定量分析，建立负荷变化趋势指标。

根据每类负荷同期数据中的均值水平建立负荷变化趋势指标。首先针对聚类后每类重构负荷数据 $x(t)$，计算每类重构负荷数据的算数平均值 x_0，然后采

用负荷数据 $x(t)$ 除以负荷数据均值，获得负荷在同期时间尺度上上下波动的趋势指标 $Q(t)$，具体可按式（2-33）计算：

$$Q(t) = \frac{x(t)}{x_0} \qquad (2-33)$$

通过负荷同期趋势指标的计算，可以衡量负荷在时间轴上偏离均值上下波动的程度。当趋势指标 $Q(t) > 1$ 时，负荷呈增长趋势，指标越大说明负荷增长趋势越大；当趋势指标 $0 < Q(t) < 11$ 时，负荷呈减小趋势，指标越小说明负荷减小趋势越大。

3. LSTM 神经网络算法原理

配电网负荷是一种典型的时间序列数据。传统机器学习方法针对时序性数据，不能充分利用数据的时间序列信息，预测精度有限。LSTM 神经网络作为一种特殊的 RNN 模型，它不但能够深入挖掘序列数据本身的有效信息，而且可以充分利用时序数据之间的状态信息，因此可以更加全面完整地对时间序列数据进行预测建模。由于负荷数据为时间序列数据，为抓住时间序列数据的本质特征，进一步挖掘配电网历史负荷数据与未来负荷数据的隐含规律，运用 LSTM 神经网络进行配电网负荷预测的思路应运而生。

LSTM 神经网络的神经元结构决定了其功能的独特性，不同于传统的 RNN，LSTM 神经网络通过神经元特殊的门结构，能够有效地解决常规训练过程中因时间序列长度引起的梯度消失和梯度爆炸问题，从而真正有效地利用配电网负荷等具有较长时间序列的数据。每个 LSTM 神经元具有独特的记忆结构，如图 2-5 所示。

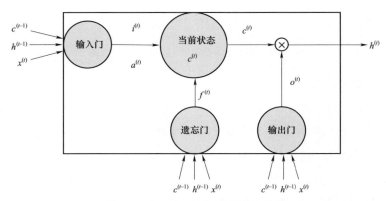

图 2-5 LSTM 神经元的记忆结构

每一个 LSTM 神经元具有三个门结构，分别为输入门、输出门和遗忘门，这些门结构可以读取和控制时序数据进入下一个训练过程的状态信息。门结构一般采用 sigmoid 激活函数进行处理，主要原因是 sigmoid 激活函数通过分析计算会产生一个在区间［0，1］的数值并与时序数据中的状态信息进行结合。其中，sigmoid 值为 1 表示门结构打开，时序状态信息可以通过门结构，sigmoid 值为 0 表示门结构关闭，时序状态信息不能通过门结构。因此，通过门结构可以表示当前允许通过的时序状态信息，可以使神经网络更有效地保存长期记忆。

每个 LSTM 神经元具体的工作流程如下：首先，输入门中输入上一时刻状态 $c^{(t-1)}$、上一隐藏层状态单元 $h^{(t-1)}$ 和当前状态 $x^{(t)}$。其次，输入门的输入经过非线性函数的变换后，通过遗忘门进行状态信息筛选，使 LSTM 神经网络清除上一步对当前没有用的状态信息，根据输入门输入的三种变量共同决定哪一部分的状态信息需要被 LSTM 神经网络遗忘，同时决定有用信息进入新的当前状态 $c^{(t)}$。最后，输出门利用新的当前状态 $c^{(t)}$ 进行运算，确定有多少信息输出到当前隐藏层状态单元 $h^{(t)}$，当前隐藏层状态单元 $h^{(t)}$ 会进入下一个 LSTM 神经元进行计算，因此建立了前后时间序列之间的联系。隐藏层状态 $h^{(t)}$ 由输出门输出和当前状态共同决定。其中，各变量之间的计算式为：

$$i^{(t)} = \sigma[W_i h^{(t-1)} + U_i x^{(t)} + b_i] \tag{2-34}$$

$$a^{(t)} = \tanh[W_a h^{(t-1)} + U_a x^{(t)} + b_a] \tag{2-35}$$

$$f^{(t)} = \sigma[W_f h^{(t-1)} + U_f x^{(t)} + b_f] \tag{2-36}$$

$$c^{(t)} = i^{(t)} \odot a^{(t)} + f^{(t)} \odot c^{(t-1)} \tag{2-37}$$

$$o^{(t)} = \sigma[W_o h^{(t-1)} + U_o x^{(t)} + b_o] \tag{2-38}$$

$$h^{(t)} = o^{(t)} \tanh[c^{(t)}] \tag{2-39}$$

式中：$i^{(t)}$、$a^{(t)}$ 分别为输入门和输入节点；$f^{(t)}$ 为遗忘门；$o^{(t)}$ 为输出门；W、U、b 为循环权重、输入权重、偏置；σ 为激活函数，一般为 tanh 或 sigmoid 函数。

2.4 配电变压器中长期负荷预测模型与算法

2.4.1 配电网中长期负荷预测背景

中长期负荷预测按照处理媒介可分为传统法和人工智能法，传统法包括回归分析法、时间序列法、SVM；人工智能法包括神经网络法，以及众多衍生算法与组合算法。有学者利用经验模态分解（empirical mode decomposition，EMD）解析负荷不同特性分量并使用 SVM 进行负荷预测，取得了较好的效果，但最大误差（maximum error，ME）仍有 45.71MW；利用 PCA 法与神经网络相结合的方法，平均绝对误差（mean absolute error，MAE）达到 1.47%，预测精度得到了一定改善，但中期负荷预测仍存在严重的误差累积问题；利用深度信念网络进行中期负荷预测效果良好，但最高误差率达到了 5.6286%。针对误差累积、预测精度不足等问题，提出了一种多时序协同的中长期负荷预测模型。其中，引入 ARIMA 模型中的加法模型实现对负荷数据内部特征的提取，并结合外部温度、节假日时序信息共同构建输入空间，采用具有记忆序列前后信息能力的 LSTM 神经网络，提出多时序协同预测日均负荷的方法，并使用湖南省某地区负荷真实数据验证模型的可行性和有效性。

2.4.2 配电网多时序协同中长期负荷预测

1. 基于 ARIMA-LSTM 模型的中长期电力负荷预测原理

（1）ARIMA 提取内部时序特征。ARIMA 加法季节模型是指序列中的季节效应和其他效应之间存在加法关系，各种效应信息的提取十分简单，通过差分和确定性因素分解方法可将时间序列分解为趋势项（T）、季节项（S）和随机项（e）。通常把 T 和 S 合并在一起统称为趋势。其加法季节模型可表示为：

$$Y = T + S + e \tag{2-40}$$

图 2-6 所示为使用 ARIMA 加法季节模型提取的湖南省某地区 2017 年 8 月

至 2018 年 7 月的连续电力负荷数据序列内部特征结果。图 2-6 中从上向下依次为原始的日均负荷时序数据、未提取的内部随机项时序数据、提取的内部趋势项时序数据以及提取的内部季节项时序数据。

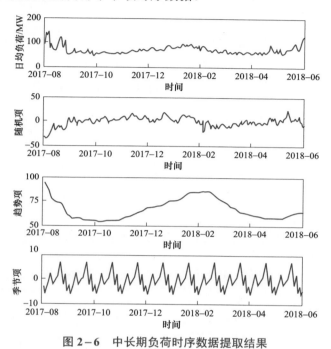

图 2-6　中长期负荷时序数据提取结果

（2）多时序融合。多时序融合是指将电力负荷数据的内外部特征、序列通过一定规则处理转化为格式化输入，共同构建网络的输入空间。将外部衍生标记（是否工作日）经过 One-Hot 编码处理，将是工作日标记为 1，将不是工作日标记为 0，总序列设为 $\{O_n\}$；将日均温度序列记为 $\{L_n\}$；将使用 ARIMA 加法季节模型提取出的趋势项序列记为 $\{T_n\}$，将季节项序列记为 $\{S_n\}$。进行合并时，把时间序列中同一时间点的数据元素取出，共同构建为一个时间点的元组数据，将整个时间序列融合为由任意元组数据构成的数列数据，记为 $[X_n]$。其数学表达式为：

$$[X_n]=[\{O_1,L_1,T_1,S_1\}\{O_2,L_2,T_2,S_2\}\cdots\{O_n,L_n,T_n,S_n\}] \qquad (2-41)$$

2. 基于 ARIMA-LSTM 模型的中长期电力负荷预测建模步骤

负荷受多元复杂时序影响，若直接将负荷时序数据作为 LSTM 模型的输入，虽然网络有记忆前后信息的能力且能自动提取特征，但忽略了其他关联信息，导致模型存在缺陷进而影响预测精度。因此，利用 ARIMA 加法模型提取内部特征，结合其负荷时序外部特征，保证了模型能充分理解各关联有效信息，增加了模型的健壮性。

ARIMA-LSTM 的建模步骤如下：

步骤1：从负荷的历史数据集中提取日均负荷数据。

步骤2：利用 ARIMA 加法模型提取时序内部特征，融合外部特征构成预测模型的输入空间。

步骤3：将融合后的输入空间输入 LSTM 中，优化超参数。

步骤4：输出负荷预测值。

2.5 实 例 验 证

2.5.1 基于灰色关联度分析的配电网负荷影响因素相关性分析实例验证

基于灰色关联度分析算法建立配电网影响因素相关性分析模型，模型运行流程如图 2-7 所示。

针对短期负荷预测，气象因素为负荷主要相关性影响因素。图 2-8 和图 2-9 所示为针对夏季和冬季典型日气温与最大负荷变化关系使用模型计算相关性得到的结果。从图 2-8 和图 2-9 中可以看出，短期负荷与日气温相关性较大。

通过上述结果可以看出，所提基于灰色关联度分析算法的相关性分析模型能够有效计算各种影响因素与用户负荷之间的相关性，可以辅助短期负荷预测模型进行相关特征选择。

针对中长期负荷预测，国内生产总值（gross domestic product，GDP）、人口等社会、经济因素与负荷趋势同样关系密切，使用模型对这些因素进行计算，结果见表 2-3。

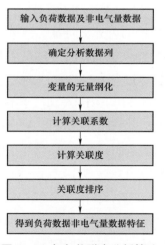

图 2-7 灰色关联度分析算法模型运行流程图

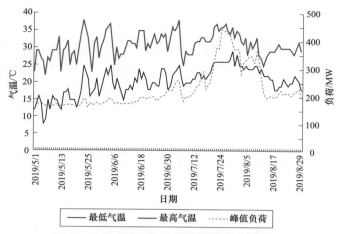

图 2-8 夏季典型日气温与最大负荷相关性

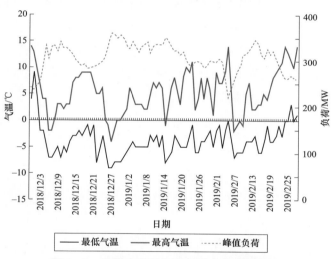

图 2-9 冬季典型日气温与最大负荷相关性

表 2-3 各影响因素与负荷相关性

GDP	第一产业增加值	第二产业增加值	第三产业增加值	人均 GDP	城镇化率	城镇居民人均可支配收入	城镇居民人均住房建筑面积
0.8235	0.5460	0.6771	0.6770	0.6777	0.6313	0.6966	0.6608

2.5.2 基于聚类及趋势指标的 LSTM 短期负荷预测实例验证

为验证所提方法对负荷预测精度提升的有效性,选取湖南省某 10kV 线路 46 个台区 2016 年 1 月至 2018 年 7 月的负荷数据进行预测分析,并采用 SVM 算法进行预测效果对比。

首先，对各台区原始负荷数据进行清洗，为避免各台区数据量纲对预测结果的影响，按照式（2－42）对台区负荷数据进行归一化处理，将负荷数值归算到区间 [－1，1]。

$$x' = \frac{x - (x_{max} + x_{min})}{x_{max} - x_{min}} \qquad (2-42)$$

式中：x 为台区负荷数据；x_{max} 和 x_{min} 分别为台区负荷的最大值和最小值；x' 为归一化后的负荷数值。

其次，随机选取某天各台区的日负荷数据，使聚类数在 2～10 变化，根据式（2－42）计算 SSE，得到的聚类数和 SSE 曲线如图 2－10 所示。当聚类数达到最佳聚类数时，聚类误差将迅速地减小，因此聚类数和 SSE 曲线将快速下降并出现转折点，根据肘部法则在转折处的聚类数即为最佳聚类数。从图 2－10 中可以看出，当聚类数为 4 时，曲线具有最大的转折点，此时误差下降最快，因此最佳聚类数为4，该线路的台区负荷数据被聚类为 4 类，将每类负荷数据进行求和，可实现负荷数据重构。

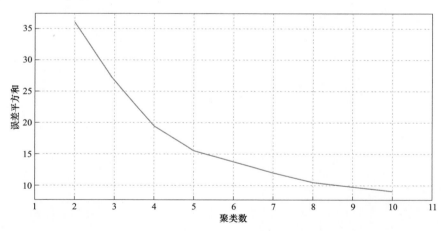

图 2－10　K-means 肘部曲线

划分 2016 年和 2017 年共 731 天的数据作为训练集，2018 年 1～7 月共 212 天的数据作为验证集。此外，根据式（2－42）计算每类负荷的历史同期趋势指标，选取影响短期负荷的一周的历史负荷数据以及节假日信息作为训练输入，还加入去年同期的趋势指标共同作为预测模型输入进行训练。图 2－11 所示为

2018 年预测验证集负荷功率数据和其对应的 2017 年同期负荷趋势指标，从上到下每两张子图为同类负荷。从图 2－11 可以看出，每类负荷的去年同期的趋势指标基本可以反映今年负荷的上下波动趋势，因此可作为预测模型的输入反映负荷在长时期尺度上的上下波动趋势。

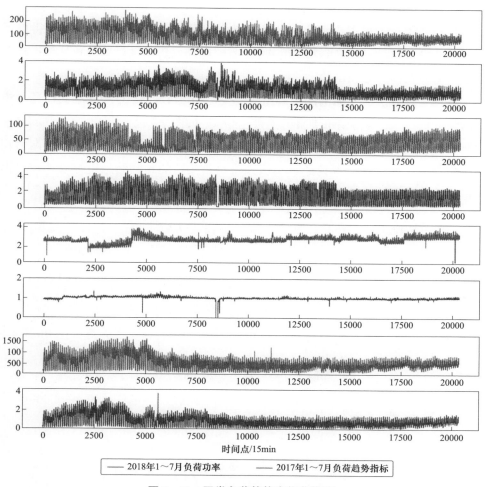

——— 2018年1～7月负荷功率　　　　——— 2017年1～7月负荷趋势指标

图 2－11　同类负荷趋势变化曲线图

最后，基于谷歌学习框架 TensorFlow 搭建 LSTM 神经网络，设置 LSTM 层的激活函数为 tanh，损失函数设为均方误差（mean square error，MSE），BATCH_SIZE 取 96。为了比较负荷预测模型的预测效果，参考预测模型常用指标，采用 MAPERMSE 两种指标衡量负荷预测值与实际值之间的偏差，具体计算式为：

$$\text{MAPE} = \frac{1}{n}\sum_{i=1}^{n}\frac{|y_i' - y_i|}{y_i}\times100\% \tag{2-43}$$

$$\text{RMSE} = \sqrt{\frac{1}{n}\sum_{i=1}^{n}(y_i' - y_i)^2} \tag{2-44}$$

式中：n 为样本数量；y_i' 为模型的预测负荷值；y_i 为负荷真实值。

为验证该预测模型在负荷预测精度方面的优势，采用在预测领域获得广泛应用的 SVM 算法与所提方法进行误差对比，此外设置未进行聚类和趋势指标分析的预测模型作为对照试验。

通过上述方法建立配电网负荷预测模型，经过 LSTM 神经网络负荷预测模型的学习训练，最终得到每类负荷的预测结果，如图 2-12 所示。从中可以看出，负荷有四类明显的特性，并且在每类负荷特性变化的情况下，LSTM 神经网络预测模型都能较好地拟合负荷的真实值。将每类负荷的预测结果进行求和，可得到最终线路总负荷的预测结果，如图 2-13 所示。

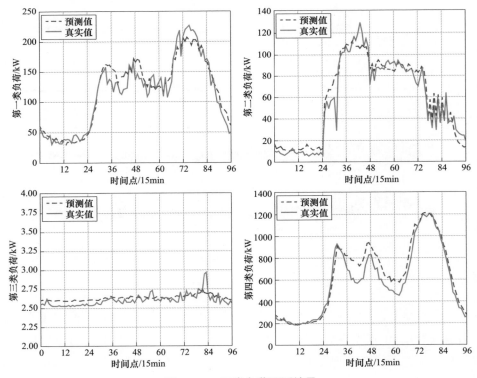

图 2-12 四类负荷预测结果

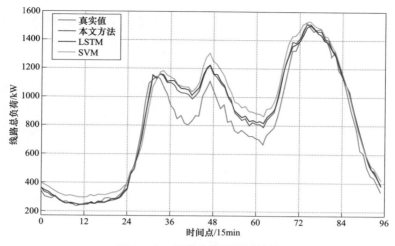

图 2 - 13   线路总负荷预测结果

从图 2 - 13 可知，所提方法对负荷真实值的拟合效果最好，LSTM 方法的拟合效果次之，SVM 算法的预测拟合效果相对较差。线路负荷预测的误差计算结果见表 2 - 4，其中所提预测方法的 RMSE 和 MAPE 分别为 88.968 和 8.971，预测误差最小，精度最高，说明基于 K-means 聚类和趋势分析的 LSTM 预测方法更能挖掘负荷规律。因此，有必要在负荷预测之前对各台区负荷数据进行合理聚类，计算同期负荷变化趋势指标作为预测模型输入，从而提升负荷预测的准确性。

表 2 - 4   线路负荷预测的误差计算结果

评价误差	所提方法	LSTM	SVM
RMSE/kW	88.968	90.301	97.656
MAPE/%	8.971	9.533	12.704

综上所述，基于聚类和趋势指标分析的 LSTM 神经网络线路负荷预测模型能较好地挖掘每一类特性负荷的数据规律和趋势变化，并且 LSTM 神经网络在进行负荷预测时考虑了时间序列的连续性，在训练过程中将上一时刻有效的状态信息传递给下一个时刻，因此能够显著提升负荷预测的准确性。

2.5.3   配电网中长期负荷预测实例验证

采用 Python 中 Tensorflow 的上层 Keras 框架。实验中的电力负荷数据采用湖南省某地区 2017 年 8 月～2018 年 7 月的连续社会总电力负荷数据，数据采样间隔为 5min，选择前 11 个月的连续数据作为训练样本，对第 12 月的日均电力负荷数据进行预测。社会总电力负荷数据包括居民用电数据与工业用电数据，从总日均用电量分析，负荷具有特征明显、波动性强、夏季与冬季用电量大的特点。验证所构建的多时序协同预测模型 ARIMA-LSTM 的优劣，并与单时序预测模型 LSTM、传统神经网络预测模型的预测结果进行分析比较。模型评价指标主要有 MAE、RMSEME，分别表示为：

$$MAE = \frac{1}{n}\sum_{i=1}^{n}\left|y_i' - y_i\right| \tag{3-45}$$

$$RMSE = \sqrt{\frac{1}{n}\sum_{i=1}^{n}(y_i' - y_i)^2} \tag{3-46}$$

$$ME = \max\left|y_i' - y_i\right| \tag{3-47}$$

式中：y_i' 和 y_i 分别为 2018 年 7 月第 i 天日均负荷的预测值和真实值。

（1）模型参数设置。具体设置情况如下：

对于传统神经网络预测模型，搭建 3 层神经网络。第 1 层神经元设置 90 个，激活函数选用 ReLU 函数，正则化系数取 0.1；第 2 层神经元设置 50 个，激活函数选用 ReLU 函数，正则化系数取 0.1；第 3 层作为输出层神经元设置为 1 个，损失函数采用 RMSE，优化器采用 Adam 算法。模型训练方面，选用电力负荷前一天的日均负荷数据作为模型输入，后一天的日均负荷数据作为模型输出，构建训练集。模型迭代 3000 次，得到负荷预测结果。

对于 LSTM 预测模型，隐藏层单元设置 10 个，学习率设定 0.0006，批次大小设置 80，时间步长设置 30，损失函数与优化器同样采取 RMSE 与 Adam 算法，训练方式为随事件反向传播（back-propagation through time，BPTT）。模型训练方面，选用电力负荷前 7 天的 3 条时序数据（日均负荷时序数据、温度时序数据、是否节假日时序数据）作为模型输入，第 8 天的日均负荷数据作为模型输出，构建训练集。模型迭代 3000 次，得到负荷预测结果。

对于 ARIMA-LSTM 预测模型，与 LSTM 预测模型的不同之处在于：模型训练方面，选取电力负荷前 7 天的 6 条时序数据进行训练。其中，包括使用 ARIMA 算法提取的 3 条时序数据，与 LSTM 模型预测中使用的 3 条时间序列。第 8 天的日均负荷数据作为模型输出，构建训练集。模型迭代 3000 次，得到负荷预测结果。

（2）预测结果。为了对比分析所提方法的预测结果，将所提出的 ARIMA-LSTM 模型与 LSTM 模型、传统神经网络预测模型的预测结果进行比较，采用 MAE、RMSE 和 ME 指标对预测误差进行评价。表 2−5 给出了 2018 年 7 月的日均负荷的预测结果的评价指标。

表 2−5　　　　　　　　　　　预测结果的评价指标

算法	MAE/%	RMSE/kW	ME/kW
传统神经网络	8.188	10.228	26.613
LSTM	3.985	4.684	8.863
ARIMA-LSTM	2.193	2.530	5.200

从表 3−1 的预测结果中可看出，所提方法的中期负荷预测模型的预测结果能反映实际负荷的情况，证明了模型的有效性。所提 ARIMA-LSTM 模型的误差指标分别为：MAE = 2.193%，RMSE = 2.530kW，ME = 5.200kW，与传统神经网络模型、LSTM 模型相比，ARIMA-LSTM 模型的误差指标更小。

图 2−14 所示为 3 种预测模型与原始负荷数据的基本误差曲线，设定原始负荷数据上下 5MW 误差线。从图 2−14(a) 中可以明显地看出，所提 ARIMA-LSTM 模型的预测曲线能够全部落在误差范围以内，从而证明了该模型的可行性；从

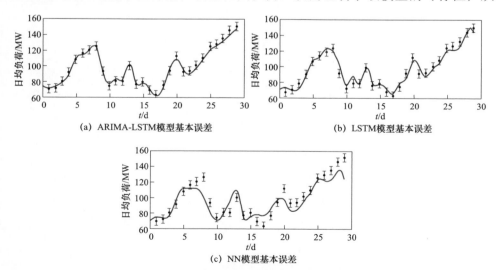

(a) ARIMA-LSTM模型基本误差　　　　(b) LSTM模型基本误差

(c) NN模型基本误差

图 2−14　3 种预测模型与原始负荷数据的基本误差曲线

图 2-14（b）中可以看出，LSTM 模型的预测曲线有一些预测点未能准确地落在控制误差以内；从图 2-15（c）中可以看出，传统神经网络模型的预测曲线能够预测出大致趋势，但预测精度远远不足。从对比结果可以看出，利用 ARIMA-LSTM 模型预测中期电力负荷更具有可行性与准确性。

图 2-15 所示为 ARIMA-LSTM 模型预测结果，其中虚线为原始电力负荷日均曲线，实线为 ARIMA-LSTM 模型对第 12 月的日均电力负荷数据的预测结果。从图 2-15 中可看出，该模型拟合度高，可以很好地对未来电力负荷中长期走势进行预测。

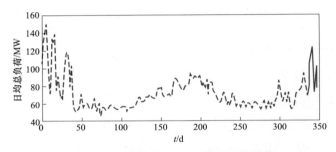

图 2-15　ARIMA-LSTM 模型预测结果

第3章

配电变压器重过载预测修正方法

3.1 配电台区低压负荷聚类方法

配电网各台区所包含的用户数量多、类型广，其中不同的行业如工业、商业和居民用户的负荷功率在不同的时间尺度上呈现出不同的特点，具有各自的用电特性。由于配电网中各台区负荷特性由主要用户所决定，用户特性差异会导致配电台区负荷呈现出多样性。

因此，有必要根据配电台区负荷特性对各台区数据进行聚类划分，以更深入地挖掘分析不同特性负荷的变化规律，进一步提升负荷预测精度和效率。

3.1.1 配电台区日负荷特性

对于台区而言，负荷本质上是台区所包含用户的多种用电行为的叠加，不同地区包含不同主要行业用户的台区负荷数据具有各自的特点，配电台区日负荷特性主要是由台区所包含的主要行业用户的用电类型所决定的。其中，专用变压器和公用变压器台区的日负荷特性差异较为明显，图 3-1 所示为包含几种典型行业台区的日负荷功率变化曲线。

从图 3-1 中可以看出，不同用电行业的日负荷特性曲线特性区分明显，具体表现为：以商业为主要行业台区的负荷功率曲线为典型的双峰型曲线，由于早上和下午一般为商业活动高峰时期，因此导致波峰较为接近；以农业为主要行业台区的负荷功率曲线也为双峰型曲线，由于农业生产需求，波峰在一天内的分布较为分散；工业专用变压器台区根据生产计划用电，所以其负荷功率曲线总体较为平稳；以家庭用电为主的公用变压器台区为典型的三峰型曲线，一般在晚间出现用电高峰。

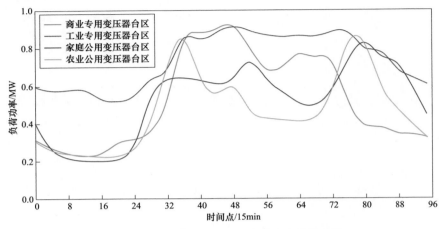

图 3-1　典型行业台区的日负荷功率变化曲线

由于台区所包含的主要用电负荷的特性不一定相同，若直接对不同台区的负荷叠加曲线进行线路负荷预测，则无法深入挖掘台区负荷的用电行为规律，进而导致线路负荷预测精度不佳；若对单一台区依次进行预测后求和，则建模成本较高且预测效率较低，因此需要对负荷进行合理的聚类后再进行预测。

3.1.2　K-means 聚类算法原理

针对由于不同台区下负荷特性存在差异，线路的负荷情况较为复杂的问题，首先对配电台区日负荷特性进行聚类，再在每个类别下分别进行负荷预测。

聚类是将在特性距离以及曲线形状方面相似的数据进行分类的过程，是一种无监督学习算法。由于 K-mesns 聚类算法具有简洁高效、可扩展性强等特点，因此采取 K-means 聚类算法对配电台区日负荷数据进行聚类处理，具体原理如下：

K-means 聚类算法以欧式距离为相似度量度，采用 SSE 作为聚类的准则函数。K-means 聚类算法的关键是不断移动聚类中心点到其包含数据成员的平均位置，然后重新划分其内部数据成员。其中，聚类类别数量一般是由肘部法在聚类前确定的。K-means 聚类算法的具体实现过程分为以下 4 步：

（1）初始化。通过肘部法确定聚类类别数目 K，按照聚类类别数目设置初始聚类中心点。

（2）类划分。按照式（3-1）计算 N 个样本与 K 个初始聚类中心点的欧式距离，按照计算的距离大小将 N 个样本分配给最近的中心点，从而形成 K 个簇。

$$L_{ij} = \sqrt{\sum_{i=1}^{N}(x_i - x_j)^2} \qquad (3-1)$$

（3）聚类中心点的更新。计算每个簇中所有对象的平均值，并将计算的 K 个均值作为 K 个簇的新聚类中心。

（4）收敛判断。按照式（3-2）计算 SSE，如果 SSE 达到限定条件或变化很小，表明算法趋于稳定，聚类中心基本不再改变，则聚类结束。

$$SSE = \sum_{i=1}^{K} \sum_{(x_q \in c_i)} (x_q - m_i)^2 \qquad (3-2)$$

式中：m_i 为 c_i 类的聚类中心；x_q 为 c_i 类中的样本。

3.2 配电变压器重过载预测修正原理

3.2.1 时间卷积网络原理

时间卷积网络（temporal convolutional network，TCN）是一种基于 CNN 的深度学习模型，可以提取数据之间的关联性，用于解决时间序列问题。TCN 主要包含膨胀因果卷积网络和残差模块。因果卷积是指上一层的值只依赖下一层时刻及其之前的值。网络的深度会随着历史信息的积累而增加，为了解决该问题，膨胀卷积网络通过跳过部分输入、改变膨胀系数使得模型可以灵活调整所接受的历史信息，膨胀卷积按式（3-3）运算。膨胀因果卷积网络结构示意图如图 3-2 所示。

$$F(s) = \sum_{i=0}^{k-1} f(i) x_{s-di} \qquad (3-3)$$

式中：$F(s)$ 为第 s 个神经元经过膨胀卷积后的输出；f 为卷积网络滤波器；k 为卷积核大小；x 为输入时间序列；d 为膨胀系数；$s-di$ 为输入序列中的历史数据。

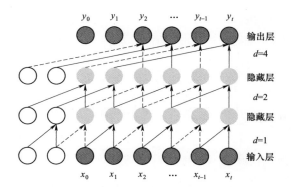

图 3-2　膨胀因果卷积网络结构示意图

TCN 中使用残差模块防止由于神经网络层数过多导致网络效果退化的情况，一个残差块中包含两层膨胀卷积和非线性映射连接，每层加入权重归一化及 Dropout 正则化网络，结构如图 3-3 所示。

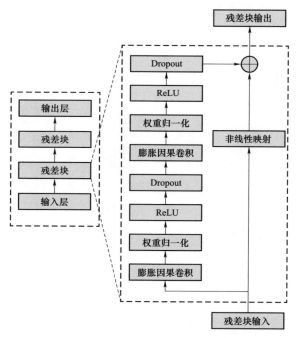

图 3-3　残差模块结构

3.2.2　XGBoost 模型原理

XGBoost 是一种 Boosting 集成学习算法，基于若干个 CART 通过迭代增加新决策树以拟合上一次预测误差，累加所有树的预测结果得到最终结果。XGBoost 还对 GBDT 进行改进，将损失函数进行二阶泰勒展开并引入正则项，以有效防止过拟合。XGBoost 中的 CART 模型可表示为：

$$\hat{y}_i = \sum_{k=1}^{K} f_k(x_i), f_k \in F \qquad (3-4)$$

式中：$\hat{y}_i$ 为第 i 个样本预测值；x_i 为第 i 个样本数据；K 为树的数量；F 为树的集合空间；$f_k(x_i)$ 为第 k 棵树的模型。

XGBoost 目标函数见式（3-5），式（3-5）由两部分组成：第一部分为预测误差函数；第二部分为正则化项，控制模型复杂度以防止过拟合。其中正则化表达式见式（3-6）。

$$Obj = \sum_{i=1}^{n} l(y_i, \hat{y}_i) + \sum_{k=1}^{K} \Omega(f_k) \qquad (3-5)$$

$$\Omega(f_k) = \gamma T + \frac{1}{2}\lambda \sum_{j=1}^{T} \omega_j^2 \qquad (3-6)$$

式中：γ、λ 为加权因子；T 为叶子节点个数；ω 为叶子节点权重。

XGBoost 对式（3-5）所示目标函数进行二阶泰勒展开再求偏导，可得目标函数最优解，见式（3-7）。将式（3-7）带入式（3-5），得到简化目标函数，见式（3-8）。

$$\omega_j^* = -\frac{G_j}{H_j + \lambda} \qquad (3-7)$$

$$Obj = -\frac{1}{2}\sum_{j=1}^{T}\frac{G_j^2}{H_j + \lambda} + \gamma T \qquad (3-8)$$

式中：ω_j^* 为第 j 个叶子节点最优得分值；G_j 为所有损失函数的一阶导数；H_j 为所有损失函数的二阶导数。

3.2.3 贝叶斯优化原理

贝叶斯优化（Bayesian optimization）算法是一种基于概率分布的全局优化算法，其主要优势在于根据未知目标函数获取信息，找到下一个评估位置从而快速找到最优解。贝叶斯优化框架包含先验函数和采集函数两个核心部分。先验函数采用高斯回归过程，从假设先验开始，通过迭代增加信息量，修正先验函数，得到比上一次更准确的概率模型；采集函数根据后验概率分布构造，通过最大化采集函数寻找下一个最优评估点。目前采集函数主要有改进概率（probability of improvement，PI）、预期改进（expected improvement，EI）、置信度上限（upper confidence bound，UCB）。一般使用 PI 采集函数，见式（3−9）。

$$f_{\mathrm{PI}}(x) = \phi\left[\frac{u(x) - f(x^+) - \xi}{\sigma(x)}\right] \tag{3-9}$$

式中：ϕ 为标准正态累积分布函数；$u(x)$ 和 $\sigma(x)$ 为高斯回归得到的目标函数均值和方差；$f(x^+)$ 为当前迭代下最佳目标函数；ξ 为超参数，用于调整搜索方向，避免陷入局部最优。

3.2.4 模型流程

模型流程如图 3−4 所示，具体流程如下：

（1）确定需要预测的配电台区及预测时间段，获取对应原始数据，如历史负荷数据、气象数据等负荷预测相关的特征数据。

（2）对原始数据进行异常值剔除、缺失值填补、归一化等必要的预处理；筛选特征数据，选择相关性高的特征输入模型训练。

（3）使用贝叶斯优化算法对 XGBoost 模型进行超参数调优，训练 XGBoost 模型，对待预测时间段中负荷峰值出现的时刻及峰值区间幅值进行预测。其中，以负荷日峰值为中心，前后各取 4 个点共 9 个数据点作为峰值区间。

（4）训练 TCN 模型，对所选台区及时段进行整体预测；根据预测峰值，修正峰值出现时刻区间内的预测值，最终输出负荷预测结果。

（5）根据预测负荷水平对配电台区进行重过载等级划分，分为正常、重载、过载三类，并对台区发布相应预警信息。

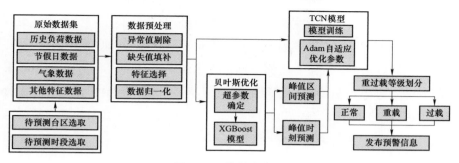

图 3-4　模型流程图

3.3　基于负荷聚类的配电变压器重过载预测修正方法

3.3.1　配电网短期日最高负荷预测背景

短期负荷预测对于指导负荷调控、保障电力系统安全经济运行具有重要意义。日最高负荷及其出现时刻在短期负荷数据中具有明确的实际意义，对海量配电线路与台区日最高负荷进行精确预测有利于提前预估配电变压器承载能力，合理指导变压器与线路增容，辅助基层管理人员高效开展迎峰度夏、春节重要供电等活动。

目前，已有一些学者对日最高负荷预测开展了相关研究。有学者定量分析了夏季高温积累效应对日最高负荷的影响，以历史气温输入多元线性回归模型获得日最高负荷预测值；以日最高负荷自身历史序列及温度、湿度等气象数据为输入，通过建立回声状态网络预测日最高负荷。上述研究都以日为时间尺度，并未给出日最高负荷出现的时刻信息。有学者利用序列运算理论分别建立了双峰负荷日最高负荷与出现时刻的概率分布模型，对日最高负荷及其出现时刻进行了预测。但该方法单纯依据负荷历史数据建模，预测准确性有限，且未考虑实际负荷曲线类型的多样性。综上所述，目前仍缺少有效的日最高负荷及其出现时刻预测方法。

通过研究各类型负荷日最高值及其出现时刻的内在规律，提出了一种联合 Hausdorff 负荷形状分类与去年同期节假日修正的日最高负荷及其出现时刻预测方法。首先，分析日负荷形状特性，通过 Hausdorff 距离算法对负荷类型进行分类。其次，分析去年同期节假日在日最高负荷及其出现时刻预测中的修正作用，并将其与近期日负荷、气温等数据一同作为预测输入。最后，基于 ElasticNet 线性回归算法对每类负荷单独构建日最高负荷及其出现时刻预测模型。以湖南省某台区负荷数据为实例，预测该台区春节 7 天的日最高负荷及出现时刻，该方法的准确性与有效性在实例中得到验证。

3.3.2 配电网短期最高负荷及其出现时刻预测模型

1. 基于 Hausdorff 距离的负荷快速分类

对日负荷形状特性进行分析可知，日最高负荷的出现时刻主要由用户自身用电行为习惯决定，其特征主要通过日负荷曲线的形状反映。用户用电在时间上具有规律性，但在不同空间表现出差异性，这一特点也反映在负荷曲线的形状上。相同线路或台区的日负荷曲线形状在时间上表现出相似性与周期性，但不同线路或台区间曲线形状具有较大差异。

随机抽取湖南省长沙市 100 个台区同一天的日负荷数据并对数据进行归一化，归纳出典型的日负荷曲线形状类型，如图 3-5 所示。负荷类型 1~5 依次为单峰型、双峰型、三峰型、U 型与随机型。单峰型负荷在午间保持高值，与之相反，U 型负荷在早、晚时段保持高值；双峰型负荷在早、晚时段出现高峰，三峰型负荷在早、中、晚时段出现高峰；随机性负荷数值波动随机性强，最高负荷出现时刻不具明显规律。为提升日最高负荷出现时刻的预测精度，考虑对日负

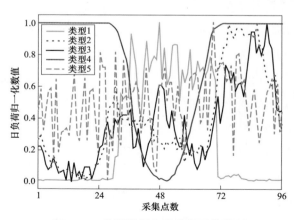

图 3-5 典型的日负荷曲线形状类型

荷曲线形状加以归纳，依据上述几类负荷形状特征对历史负荷数据进行分类，对每类负荷进行单独建模与预测。

2. 双向 LSTM 神经网络算法原理

双向 LSTM 神经网络负荷预测模型步骤：首先，输入门输入前、后向当前时刻的状态信息 $x^{(t)}$ 和上一时刻隐藏层的状态信息 $y^{(t-1)}$。其次，经过非线性函数变换后，通过遗忘门对状态信息进行筛选，确定需要被遗忘和清除的冗余状态信息，同时确定有用信息进入新的神经元状态。最后，输出门利用前、后向新的神经元状态，建立时间序列前后之间的联系，输出负荷预测最终结果。其中，各变量之间的具体计算式为：

$$f^{(t)} = \sigma[W_{fy}y^{(t-1)} + W_{fx}x^{(t)} + b_f] \tag{3-10}$$

$$i^{(t)} = \sigma[W_{iy}y^{(t-1)} + W_{ix}x^{(t)} + b_i] \tag{3-11}$$

$$u^{(t)} = \tanh[W_{uy}y^{(t-1)} + W_{ux}x^{(t)} + b_u] \tag{3-12}$$

$$c^{(t)} = i^{(t)}u^{(t)} + f^{(t)}c^{(t-1)} \tag{3-13}$$

$$o^{(t)} = \sigma[W_{oy}y^{(t-1)} + W_{ox}x^{(t)} + b_o] \tag{3-14}$$

$$y^{(t)} = o^{(t)} \tanh[c^{(t)}] \tag{3-15}$$

$$y'^{(t)} = g[W_{y'f}y_f^{(t)} + W_{y'b}y_b^{(t)} + b_{y'}] \tag{3-16}$$

式中：W_{fy}、W_{fx} 对应前、后向遗忘门 f；W_{iy}、W_{ix} 对应前、后向输入门 i；W_{uy}、W_{ux} 对应前、后向输入门 u；W_{oy}、W_{ox} 对应前、后向输出门 o；y 为隐藏层状态，由输出门输出和当前神经元状态 c 共同决定；y' 为预测结果，由前向 y_f 和后向 y_b 预测结果共同决定；σ、g 和 tanh 为激活函数。

双向 LSTM 神经网络结构如图 3-6 所示。

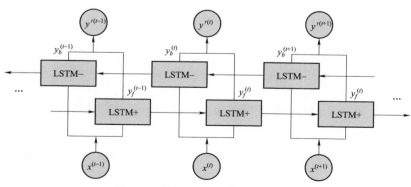

图 3-6　双向 LSTM 神经网络结构

3.4 实 例 验 证

3.4.1 配电台区低压负荷聚类方法实例验证

1. 负荷聚类算法应用实例

通过对台区用户户表负荷数据进行实例验证，比较不同聚类算法应用效果，台区聚类算法流程如图 3-7 所示。

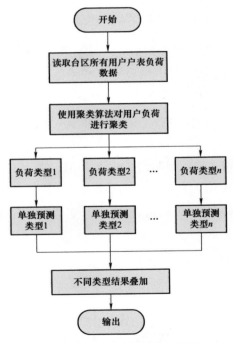

图 3-7 台区聚类算法流程图

针对台区用户负荷数据聚类的结果如图 3-8～图 3-10 所示。

从结果分析可知，K-means 聚类算法对于台区用户户表负荷数据聚类效果最好，能够根据不同负荷类型划分不同特性用户负荷数据，总体上依据负荷特性有效划分出了负荷数据。

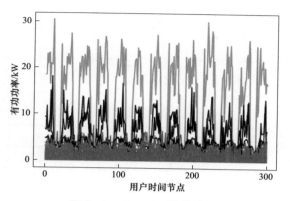

图3-8 K-means 聚类结果

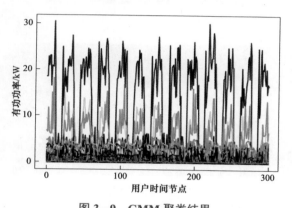

图3-9 GMM 聚类结果

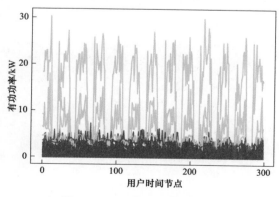

图3-10 DBSCAN 聚类结果

2. 实例分析

配电台区负荷聚类模块已经集成至国家电网公司大数据分析平台,对地市及所辖县所属供电所台区用户聚类结果如图 3-11 所示,根据不同用户负荷特性,将用户负荷分为八种类别,见表 3-1。

表 3-1   配电台区负荷聚类类型

编号	1	2	3	4	5	6	7	8
聚类类型	早高峰	午高峰	晚高峰	双峰型	三峰型	U 型负荷	随机型	W 型负荷

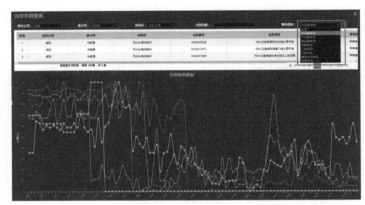

(a) 配电台区负荷聚类界面

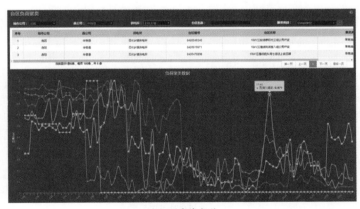

(b) 早高峰类型

图 3-11   负荷聚类界面(一)

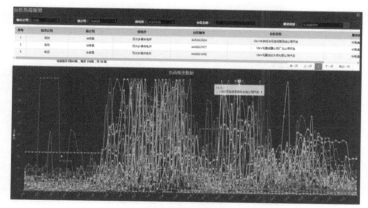

(c) 午高峰类型

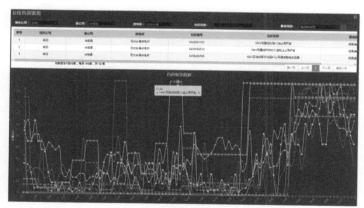

(d) 晚高峰类型

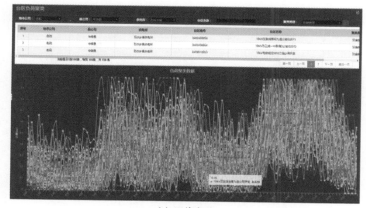

(e) 双峰类型

图 3-11　负荷聚类界面（二）

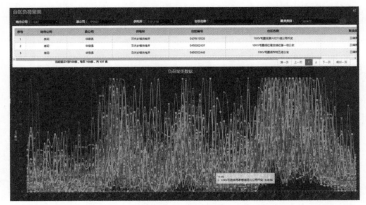

(f) 三峰类型

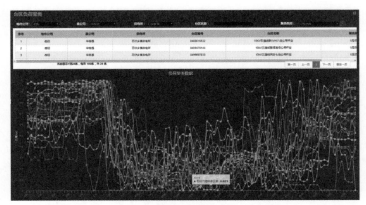

(g) U 型负荷

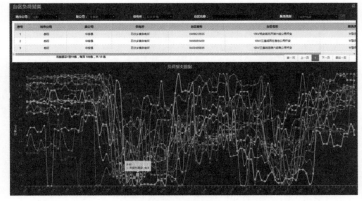

(h) W 型负荷

图 3-11　负荷聚类界面（三）

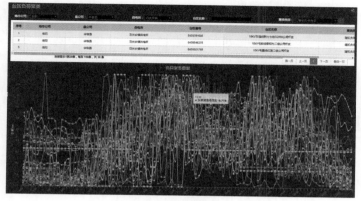

(i) 随机负荷

图 3－11　负荷聚类界面（四）

3.4.2　配电网短期最高负荷及其出现时刻预测模型实例验证

1. Hausdorff 距离算法应用实例

Hausdorff 距离算法通过两组点集间的最大不匹配程度衡量点集间的相似性，计算中无须知道点与点之间的对应关系，适用于曲线形状相似性的匹配。对空间中任意两个有限点集 $X = \{x_1, x_2, \cdots, x_n\}$ 与 $Y = \{y_1, y_2, \cdots, y_n\}$，两者间的 Hausdorff 距离定义为：

$$H(X,Y) = \max[h(X,Y), h(Y,X)] \tag{3-17}$$

其中

$$\begin{cases} h(X,Y) = \max\limits_{x_i \in X} \max\limits_{y_j \in Y} |x_i - y_j| \\ h(Y,X) = \max\limits_{y_j \in Y} \max\limits_{x_i \in X} |y_j - x_i| \end{cases} \tag{3-18}$$

相较于无监督聚类等人工智能算法，Hausdorff 距离算法在保障分类效果的同时减少了需要人工调整的参数，计算速度快，更适用于实时在线分析场景。

以五条归一化后的典型负荷形状曲线作为五类负荷的代表，计算其余负荷形状曲线与这五条曲线间的 Hausdorff 距离，并将 Hausdorff 距离最小的曲线归至该类，得到图 3-12 所示的 Hausdorff 负荷分类结果。

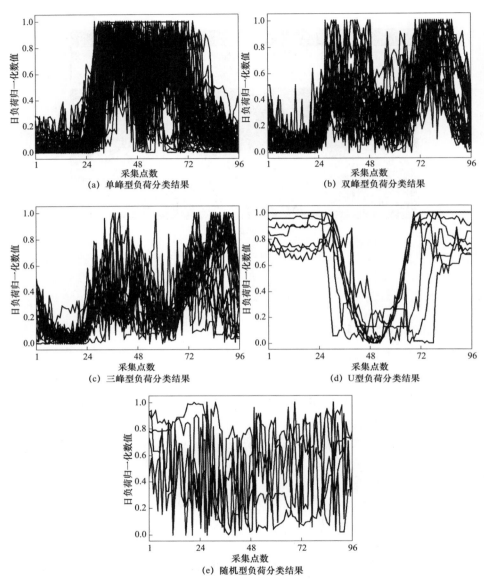

图 3-12　Hausdorff 负荷分类结果

　　负荷分类结果显示，Hausdorff 距离算法对单峰型、双峰型、U 型负荷、随机型负荷的划分能力相对较好，对三峰型负荷的划分能力相对不足，总体上依据负荷形状有效划分出了负荷数据。不同类别间负荷最高值出现时刻的分布区分明显，将这五类数据独立进行负荷预测模型训练，将有效提升预测精度。

2. 日最高负荷及其出现时刻预测步骤

结合 Hausdorff 距离分类、去年同期节假日
修正与 LSTM 回归预测，对日最高负荷及其出
现时刻的预测步骤如下，对应流程如图 3-13
所示。

步骤 1：原始数据收集。收集待预测地区各
线路、台区近两个月日负荷数据、气温数据与对
应的去年同期节假日负荷数据。

步骤 2：基于历史日负荷数据，归纳单峰型、
双峰型、三峰型、U 型、随机型等典型负荷类型
曲线，并对典型曲线做归一化处理。

步骤 3：计算归一化后历史日负荷数据与典
型负荷曲线间的 Hausdorff 距离，将 Hausdorff 距
离最小者归入该负荷类型。

图 3-13　日最高负荷及其
出现时刻预测流程图

步骤 4：将每类负荷独立划分数据，将数据划分为训练集、验证集与测试集，
其中训练集用于模型训练，验证集用于模型参数选定，测试集用于模型预测效
果检验。

步骤 5：单独建立每类负荷的 LSTM 回归模型，设置 LSTM 模型参数搜索
范围。

步骤 6：依次代入训练集与验证集中的近期日负荷数据、气温数据与去年同
期节假日负荷数据对 LSTM 模型进行训练与参数选定，得到最优日最高负荷及
其出现时刻预测模型。

步骤 7：代入测试集中的数据对日最高负荷及其出现时刻进行预测，依据
MAPE 与 RMSE 两个评估指标验证模型预测效果。

3. 实例分析

为验证所提模型对日最高负荷及其出现时刻预测的准确性以及对特殊节假
日的适用性，采用湖南省长沙市某台区 2017—2018 年春节期间的真实数据进行
实验分析。对该台区 2018 年春节 7 天的日最高负荷及其出现时刻进行预测，结
果见表 3-2 和表 3-3。

表 3-2 春节 7 天日最高负荷数值预测结果

日期	实际值/kW	预测值/kW	RMSE/kW	MAPE/%
第 1 天	62.26	62.82	0.56	0.89
第 2 天	53.73	59.62	5.89	10.96
第 3 天	61.57	55.07	6.50	10.56
第 4 天	77.93	84.83	6.90	8.85
第 5 天	70.97	77.68	6.71	9.45
第 6 天	72.37	70.58	1.79	2.47
第 7 天	74.48	75.19	0.71	0.95

表 3-3 春节 7 天日最高负荷出现时刻预测结果

日期	实际时刻	预测时刻	绝对误差/min
第 1 天	08:00:00	08:00:00	0
第 2 天	18:45:00	18:00:00	45
第 3 天	17:45:00	18:45:00	0
第 4 天	17:45:00	18:00:00	15
第 5 天	17:45:00	18:30:00	45
第 6 天	17:45:00	17:45:00	0
第 7 天	20:00:00	18:00:00	120

表 3-2 为该台区春节 7 天日最高负荷数值预测结果，7 天内 MAPE 为 6.31%，RMSE 为 4.97kW。这说明所提模型在预测受节假日影响的负荷时仍能准确预测出日最高负荷幅值。

表 3-3 为该台区春节 7 天日最高负荷出现时刻预测结果。日最高负荷出现时刻预测误差基本都在 1h 以内，7 天内平均绝对预测误差为 32min。这表明所提模型不仅能给出准确的日最高负荷预测值，而且能精准提供日最高负荷出现的时刻范围。

第4章

油浸式变压器顶层油温
准实时测算方法

4.1 配电变压器结构与温升机理分析

4.1.1 油浸式变压器结构介绍

油浸式变压器通常由铁芯、绕组、油箱、保护装置、冷却装置、出线装置、调压装置等部分组成，其基本结构如图4-1所示。

变压器铁芯大多为芯式结构，主要由铁芯柱（绕组套装的部分）和铁轭（连接铁芯柱的部分）两部分组成，是整个变压器的机械骨架，是变压器的主要磁路部分。铁芯通常由厚度为0.35~0.50mm、表面绝缘的硅钢片叠加而成，以提高导磁性能、降低交变磁通在铁芯中引起的损耗。绕组属于变压器的电路部分，主要用于传输电能，由绝缘纸包裹的铜线或铝线绕制而成。在电力系统中，为使变压器的输出电压在一定范围内可调，变压器的原边绕组匝数也需在一定范围内可调，因此原边绕组通常剥离出抽头，称为分接头。变压器的电压调节是通过将开关与不同分接头连接，改变原边绕组的匝数实现的。变压器的调压方式有无载调压（断电后调节分接头电压）和有载调压（带电时调节分接头电压）两种，因此分接开关包含有载分接开关和无载分接开关两种。油箱是油浸式变压器的外壳，绕组、铁芯和分接开关都密封在其中，变压器油也充满其中，其功能主要是绝缘、散热、消弧。

油浸式变压器的实物图与3D模拟图分别如图4-2与图4-3所示。

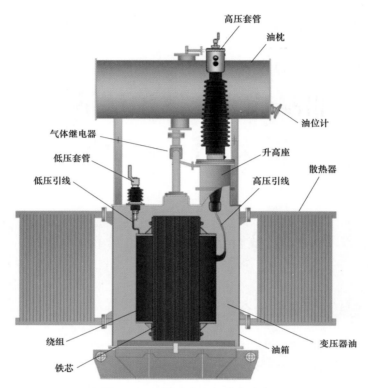

图 4-1 油浸式变压器基本结构

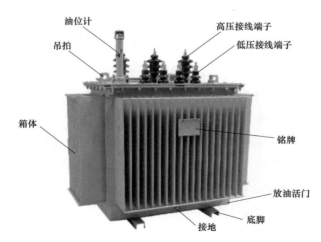

图 4-2 油浸式变压器实物图

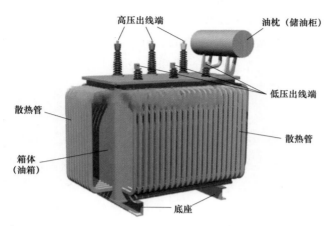

图 4-3　油浸式变压器 3D 模拟图

4.1.2　油浸式变压器产热分析

油浸式变压器是配电网体系中最重要的组成部分之一，在其运行过程中，由于电阻和磁阻的存在，铁芯、线圈及金属构件中均会产生损耗。这些损耗转变成热量散发到周围介质中，从而导致变压器发热及其内部各结构器件温度升高。同时，整体温度的升高使得损耗进一步增加。

变压器内部的损耗由空载损耗和负载损耗组成，可由式（4-1）表示。

$$P_T = P_{NL} + P_{LL} \qquad (4-1)$$

式中：P_T 为变压器内部总损耗，W；P_{NL} 为空载损耗，W；P_{LL} 为负载损耗，W。

以下将详细介绍这两部分损耗。

（1）空载损耗。空载损耗是指变压器一个绕组端子上施加额定电压，而其他绕组开路时，变压器吸收的有功功率。空载损耗又称铁损，包括存在于铁芯中的磁滞损耗和涡流损耗，是导致变压器铁芯温度升高的关键因素。空载损耗按式（4-2）计算。

$$P_{NL} = K_0 GV\rho_0 \qquad (4-2)$$

式中：K_0 为空载损耗附加系数，与铁芯结构和硅钢片的加工水平等有关；G 为铁芯硅钢片相对密度，kg/dm^3；V 为铁芯体积，dm^3；ρ_0 为硅钢片单位质量的损耗，W/kg。

（2）负载损耗。负载损耗是指变压器的某一绕组短接，给另一绕组施加电压，当该绕组中通过的电流达到额定值时，变压器吸收的有功功率。负载损耗又称铜损，包括绕组导线中的直流电阻损耗、涡流损耗以及变压器箱体、轭件等其他铁质金属构件中的杂散损耗，是引起绕组温度升高的关键因素。

负载损耗按式（4-3）计算。

$$P_{LL} = I^2 R_{dc} + P_{EC} + P_{OSL} \qquad (4-3)$$

式中：$I^2 R_{dc}$ 为绕组导线中的直流电阻损耗，W；P_{EC} 为绕组导线中涡流损耗，W；P_{OSL} 为包含变压器箱体及各金属构件的杂散损耗，W。

造成变压器内部绕组温度升高的热量基本上来自绕组导线中的直流损耗和涡流损耗。当变压器所带负载增多时，通过绕组的电流也会增大，这就使得直流损耗和涡流损耗增大，最终导致绕组热点温度升高。此时，由于磁通饱和，变压器内铁芯损耗带来的热量在一定程度上达到恒定。在变压器油循环时，铁芯散热油道与绕组散热油道是分离的。所以，经过铁芯散热油道散发的热量先汇入变压器油箱的顶端，这部分热量就抬高了顶层油的温度；而后，热量流经散热器，与外部环境进行能量转换，使得变压器内热量有所降低，油密度增大，进而下行至油箱底部，最终流入绕组散热油道。由此可见，变压器顶层油温度升高的直接原因是铁芯损耗产生的热量，但该损耗产热对绕组热点温度的影响甚微。绕组直流电阻损耗和涡流损耗产热才是造成绕组热点温度升高的直接原因。因此，变压器内部热量的产生主要归结于铁芯损耗、绕组导线中的直流损耗和杂散损耗。

4.1.3 油浸式变压器热效应分析

在发热初期，铁芯、绕组等作为变压器空载损耗和负载损耗的主体（热源），与周围冷却介质的温差较小，此时热传递作用不明显。变压器运行一段时间后，发热体温度迅速上升，此时其与其周围冷却介质的温度差增大，热量就会以热传递、热对流、热辐射的形式散发到冷却介质中。当热量散发速率与产生速率平衡时，绕组、铁芯等发热体自身的温度就不再升高，由损耗产生的热量就会通过变压器油全部发散到冷却介质中。至此，变压器内部产热量速率等于散热速率，变压器自身达到热平衡状态。

在热平衡状态下，油浸式变压器内各部分温升分布如图4-4所示。

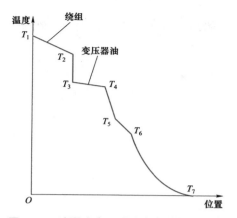

图 4-4　油浸式变压器内各部分温升分布

对图 4-4 的说明如下：

（1）变压器绕组、铁芯等部件的热量通过热传导的方式由其中心传导至各自表面，其温差通常只有几度，如曲线 $T_1 \sim T_2$ 所示。

（2）绕组和铁芯内部热量传导至各自表面，而表面温度较变压器油之间存在一定的温差，在温差的作用下，热量自动地由高温部件表面向低温的变压器油传递，使油温上升，如曲线 $T_2 \sim T_3$ 所示，其温差为绕组对环境温升的 20%～30%。

（3）绕组和铁芯周围的变压器油以对流散热的形式，把热量传递到油箱壁和散热器壁，其温差一般不大，如曲线 $T_4 \sim T_5$ 所示。

（4）在热油的对流换热作用下，油箱壁和散热器壁内表面的温度逐渐升高，热量以热传导的方式从壁内传递到壁外，内外温差不超过 3℃，曲线 $T_5 \sim T_6$ 所示。

（5）油箱、散热器外表面与外围空气存在温差，在此作用下，箱体热量以对流及辐射形式向外界环境中散发，温差为绕组对空气温升的 60%～70%，如曲线 $T_6 \sim T_7$ 所示。

通过上述过程，变压器内部损耗产热全部传递到外部。由热量的传递原理分析可知，变压器各部分温差决定了内部热量的传递途径，而变压器内部损耗以及介质的物理特性则决定了温差的大小。因此，探究变压器的温升就是研究变压器各部位的温差和温升，包含绕组和铁芯分别对变压器油的温差值、绕组和铁芯分别对空气的平均温升，以及变压器顶层油对空气的温差值等。

4.1.4 油浸式变压器油路分析

自然油循环（ONAN）变压器中的油作为冷却介质，在油路系统中依靠其浮升力、重力的变化循环流动构成闭合回路。假设油流为单相一维自然循环流动，油箱内除绕组竖直油道外无其他油流支路。图4-5为ONAN变压器冷却循环示意图，具体流动路径如下：

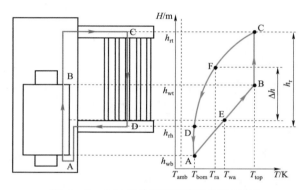

图4-5 ONAN变压器冷却循环示意图

（1）AB段。油流在绕组附近区域被加热导致其密度减小，在热虹吸效应作用下油流向顶部流动。假设在该段油温从绕组底部到顶部按线性增加，E点处温度为绕组区域油流平均温度。

（2）BC段。热油在绕组顶部区域汇合流入上方集油管，认为该段无热量损失（即顶层油温等于散热器进口油温），仅在几何高度上有所增加。

（3）CD段。油流从绕组区域带出的热量经散热器传输至外界环境，自身冷却后密度增大，在重力作用下从散热器顶部流向底部，F点处为散热器平均温度。

（4）DA段。冷油离开散热器进入绕组底部区域。同BC段，认为该段也无热量损失（即底层油温等于散热器出口油温）。

上述过程循环反复，变压器油便沿着路径 AB—BC—CD—DA 在闭合系统中循环流动，直至达到稳定状态。至此，变压器内部产热与外部散热达到平衡，绕组产生热量全部被输送至外界环境。

4.2　温升试验及温升测算方法

4.2.1　温升试验及方法简介

变压器温升试验主要是为了验证变压器的设计是否合理，以及冷却系统是否正常发挥了作用。配电变压器温升试验主要是为了检测顶层油温和高低压绕组的温升是否符合相关标准和技术协议书的要求。

目前变压器温升的测试方法主要有直接负载法、相互负载法、循环电流法、零序电流法、短路法等。而在这些方法中短路法所需要的试验电压是最低的，电源容量也是最小的；而且对于油浸式变压器，国家标准规定短路法是温升试验的标准方法。短路法在试验过程中，主要分为两个阶段：施加总耗阶段和额定电流阶段。

在施加总耗损阶段，主要是为了测量油顶层温升。首先，短接被试变压器的低压端的出线端子，并对高压端施加总损耗，给变压器供电后进行试验。试验过程中，需要定时监测和记录一些温度值，如变压器周围环境的温度、油顶层的温度以及散热器进口与出口的温度，一般时间间隔为 30min，试验时间长度为 3h，试验过程中当监测部位的温升变化每小时小于 1℃时，温升基本就稳定了，这时把最后 1h 的试验值进行平均，并将此值作为最终的结果值。

在施加额定电流阶段，绕组的输入电流要达到额定电流，继续监测 1h 后，记录变压器周围环境的温度、油顶层的温度以及散热器进口与出口的温度，然后断掉电源且使电流达到最小，这时通过测量热态电阻的值得到绕组的温升。用到的测试系统是基于个人计算机的变压器温升试验自动测控系统，该系统的控制设备为个人计算机，其中数据的采集、试验设备的控制和仪器仪表的管理是通过接口和串行接口实现的。温升试验中先由电压、电流互感器对所测变压器施加的电压、电流信号进行衰减，然后经试验控制台进行信号变换后通过数据采集卡进行模/数（A/D）转换，之后通过接口将数据传送到个人计算机，最后由个人计算机实现电压、电流和功率的计算与显示，并对计算结果进行判断后对控制设备输出相应的控制信号。

控制变压器的温升在标准要求的范围内，建议从以下着手：

（1）例行试验中的空载损耗和空载电流测量、短路阻抗和负载损耗测量合格，不一定能确保温升试验也合格，所以应使变压器的空载损耗和负载损耗的设计标准低于 IEC 标准和国家标准的 10%（为节省成本，大部分厂家低于 5%），使变压器的发热量控制得较低，有利于温升试验的通过。变压器内部损耗中由于空载损耗是基本不变的，随运行时间的增加略有增加，只有负载损耗是随运行负荷的变化而变化的，故应避免变压器过载运行，长期运行建议保持容量在80%。

（2）健全采购产品的供应链管理，控制采购产品的质量，以确保变压器整机的质量。对与变压器温升直接相关的关键元器件和原材料如油浸式变压器的外壳（含散热器）、铁芯的矽钢片材质和制作、铜（铝）线或铜（铝）箔的材质和尺寸、线圈的结构和绕制、变压器油等要有严格的采购标准和管理标准。

4.2.2　温升试验所需数据

为监测在温度上升的同时变压器各项数值的变化趋势是否符合工程实际要求，以及观察变压器环境对其影响，在整个温升试验中需要实时收集监测的数据见表 4 – 1。

数据可分为参数数据、电气数据、环境数据以及顶层油温 4 类。

（1）参数数据。参数数据指大多可以从变压器铭牌上获取的静态数据，包括变压器额定容量、高压侧额定电压、低压侧额定电压、高压侧额定电流、低压侧额定电流、变比、额定频率、变压器油质量、变压器总质量、短路阻抗等。

（2）电气数据。电气数据指变压器在温升试验中实时收集的具有时间序列性质的电气相关动态数据，包括三相电压、三相电流、三相有功功率、三相无功功率、总有功功率、总无功功率、视在功率等。收集变压器顶层油温变化时变压器的电气数据，后期经过相关性分析可得出对变压器顶层油温影响最大的单个或多个电气量。

（3）环境数据。环境数据指在温升试验中实时收集的具有时间序列性质的变压器周围的环境数据，包括温度、湿度、风速等。收集变压器顶层油温变化时变压器周围的环境数据，用于初步研究该类数据与变压器顶层油温之间的相关性以及正负相关关系。

（4）顶层油温。顶层油温是表征变压器内部热状态的重要数据指标，由于顶层油温不属于以上数据分类，故单独列出。

表4-1　　　　　　　　　　温升试验中所需收集数据

数据类型	数据名称	单位
参数数据	额定容量	kVA
	高压侧额定电压	V
	低压侧额定电压	V
	高压侧额定电流	A
	低压侧额定电流	A
	变比	—
	额定频率	Hz
	油质量	kg
	总质量	kg
	短路阻抗	%
电气数据	A相电压	V
	B相电压	V
	C相电压	V
	A相电流	A
	B相电流	A
	C相电流	A
	A相有功功率	W
	B相有功功率	W
	C相有功功率	W
	总有功功率	W
	A相无功功率	var
	B相无功功率	var
	C相无功功率	var
	总无功功率	var
	视在功率	kVA
环境数据	环境温度	℃
	风速	m/s
	湿度	%
顶层油温		℃

在油温试验中收集以上数据，对变压器在各种环境、各种负荷状态下的运行状况进行初步判断，从而实现对变压器出厂状态的判断。

以上对油浸式变压器温升试验的介绍，旨在通过该试验以及试验后的数据对比分析，对各类数据如何影响变压器顶层油温（热状态）有初步认识与判断。

4.3 配电变压器油温场与负荷关联模型

4.3.1 变压器顶层油温升模型

变压器热源的构成包括：工况下油浸式变压器的空载损耗和绕组直流电阻损耗；漏磁通在各金属夹件上产生的附加损耗；变压器向阳面器壁吸收的日照辐射功率。这些能量最终会转变为热量，其中一部分会被绕组、铁芯、绝缘油及其他附件吸收，引起变压器内部温度上升；另一部分则通过传热媒介散发到外部环境中。

基于传热学和热电类比理论，分别建立环境温度–平均油温、平均油温–顶层油温及平均油温–绕组平均温度 3 个估算模型来简化表征变压器的传热过程，模型如图 4–6～图 4–8 所示。

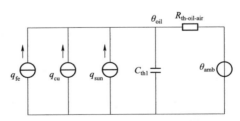

图 4–6 环境温度–平均油温模型热路图

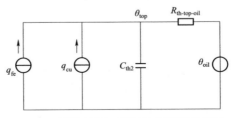

图 4–7 平均油温–顶层油温模型热路图

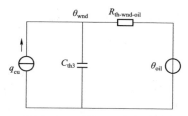

图4-8 平均油温-绕组平均温度模型热路图

结合电路中的基尔霍夫定律，可得图4-6～图4-8对应的一阶微分方程分别为：

$$q_{fe} + q_{cu} + q_{sun} = C_{th1} \frac{d\theta_{oil}}{dt} + \frac{1}{R_{th\text{-}oil\text{-}air}}(\theta_{oil} - \theta_{amb}) \qquad (4-4)$$

$$q_{fe} + q_{cu} = C_{th2} \frac{d\theta_{top}}{dt} + \frac{1}{R_{th\text{-}top\text{-}oil}}(\theta_{top} - \theta_{oil}) \qquad (4-5)$$

$$q_{cu} = C_{th3} \frac{d\theta_{wnd}}{dt} + \frac{1}{R_{th\text{-}wnd\text{-}top}}(\theta_{wnd} - \theta_{top}) \qquad (4-6)$$

式中：q_{fe} 为变压器空载损耗；q_{cu} 为变压器负载损耗；q_{sun} 为变压器箱体吸收的日照辐射功率；θ_{amb} 为环境温度；θ_{oil} 为平均油温；θ_{top} 为顶层油温；θ_{wnd} 为绕组平均温度；C_{th1}、C_{th2}、C_{th3} 为上述3个模型的集总热容；$R_{th\text{-}oil\text{-}air}$、$R_{th\text{-}top\text{-}oil}$、$R_{th\text{-}wnd\text{-}top}$ 分别对应上述3个模型的集总热容和热阻。

基于外部环境温度、热源、集总热容和热阻等参量，式（4-4）可求出变压器的平均油温 θ_{oil}。然后将平均油温 θ_{oil} 作为式（4-5）和式（4-6）的已知参量，可分别求出变压器顶层油温 θ_{top} 和绕组平均温度 θ_{wnd}。

4.3.2 变压器顶层油温升模型参数求取

空载损耗 q_{fe} 与铁芯磁通密度密切相关，受负荷影响并不明显，可视为常数，通常可通过查表获得；负载损耗 q_{cu} 包含绕组直流电阻损耗和附加损耗，由于绕组直流电阻损耗比附加损耗大得多，一般可认为负载损耗与负载电流的平方成正比。若考虑直流损耗，可按式（4-7）进行计算。

$$P_{dc} = I^2 R_{dc} K_t \qquad (4-7)$$

式中：I 为通过绕组的电流，A；R_{dc} 为当前温度下的绕组直流电阻，Ω；K_t 为绕组温度系数。

变压器日照辐射吸收功率采用式（4-8）计算获得，它反映了变压器日照辐射吸收功率正比例于单位日照强度和辐射接触面积。

$$q_{sun} = \alpha \lambda S p_{sun} \qquad (4-8)$$

式中：q_{sun} 为变压器吸收的日照辐射功率；α 为日照辐射吸收系数；λ 为有效辐射面积系数；S 为变压器表面积；p_{sun} 为单位面积上的日照辐射功率。

其中，α 值主要由变压器箱体的材质决定，另外许多大型变压器长期遭受风吹雨淋，其表面难以避免的污垢也会对 α 值有一定影响。λ 是太阳辐射角度的函数，由于太阳的位置与每日时刻密切相关，并且太阳辐射角度每天早、中、晚随时间先增加后减小（约在中午时刻为最大值），因此 λ 可以简化为太阳角度的正弦函数，其具体表达式见式（4-9）。

$$\lambda = \begin{cases} \sin\left(\dfrac{t-6}{12}\pi\right), & 6 \leqslant t \leqslant 18 \\ 0, & 其他 \end{cases} \qquad (4-9)$$

式中：t 为每日小时时刻。

根据传热学原理，对流换热的热阻可定义为：

$$R_x = \frac{\mu_p^n (\Delta\theta_{x,r})^n}{(\Delta\theta_x)^n} R_{x,r} \qquad (4-10)$$

式中：$\Delta\theta_x$ 为传热过程的温度差；$\Delta\theta_{x,r}$ 和 $R_{x,r}$ 分别为变压器额定负荷下的对流散热温差和热阻；μ_p^n 为油黏度比例系数，它反映了温差对油黏度的影响。

根据热容的定义，热容与材料的比热容、密度和体积成正比，即：

$$C_{th} = c\rho V = cm \qquad (4-11)$$

式中：c 和 ρ 分别为对应绕组、铁芯、绝缘油、冷轧制钢油箱壁的比热容和质量；V 和 m 分别为相应介质的体积和质量。

通过分析变压器的传热过程可知，3 个热路模型中集总热容的计算式分别为：

$$C_{th1} = C_{wnd} + C_{fe} + C_{oil} + C_{tank} \qquad (4-12)$$

$$C_{th2} = C_{wnd} + C_{fe} + C_{oil} \qquad (4-13)$$

$$C_{th3} = C_{wnd} \qquad (4-14)$$

式中：C_{th1}、C_{th2} 与 C_{th3} 分别为变压器油箱外与变压器油箱内中部、油箱内中部与顶部、油箱内中部与绕组热点处的热容。

根据 GB/T 1094.7—2008《电力变压器　第 7 部分：油浸式电力变压器负载

导则》和 IEEE C57.91—2011《IEEE 矿物油浸式变压器和步进电压调节器负载导则》（*IEEE guide for loading mineral-oil-immersed transformers and step-voltage regulators*），变压器热点温度 θ_{hs} 与平均油温 θ_{oil}、顶层油温 θ_{top}、绕组平均温度 θ_{wnd} 和温度系数 H 的关系式为：

$$\theta_{hs} = H(\theta_{wnd} - \theta_{oil}) + \theta_{top} \qquad (4-15)$$

4.3.3　变压器顶层油温升模型线性化与改进

考虑到工程实际中变压器绕组热点位置难以确定，并且在绕组内部对热点温度进行测量对设备的要求较高；另外，变压器热点温度与顶层油温存在确定的函数关系，且为正相关，故通过顶层油温来表征变压器内部热状态。

基于上述观点，将关注点着重于对式（4-4）和式（4-5）的研究，即先以环境温度 θ_{amb} 为基础，结合其他参量与参数求取平均油温 θ_{oil}，再以此为基础求取顶层油温 θ_{top}。

首先，利用后向欧拉公式离散变压器油温可得：

$$\frac{d\theta_{oil,k}}{dt} \approx \frac{\theta_{oil,k} - \theta_{oil,k-1}}{\Delta t} \qquad (4-16)$$

$$\frac{d\theta_{top,k}}{dt} \approx \frac{\theta_{oil,k} - \theta_{top,k-1}}{\Delta t} \qquad (4-17)$$

式中：Δt 为采样数据间隔，即采样周期；k 为离散数据的序号。

则相应的式（4-4）和式（4-5）可离散化为：

$$\theta_{oil,k} = \frac{R_{th\text{-}oil\text{-}air}\Delta t}{C_{th1}R_{th\text{-}oil\text{-}air} + \Delta t}q_{fe} + \frac{R_{th\text{-}oil\text{-}air}\Delta t R_{dc}K_t}{C_{th1}R_{th\text{-}oil\text{-}air} + \Delta t}I_k^2$$

$$+ \frac{R_{th\text{-}oil\text{-}air}\Delta t \alpha \lambda S}{C_{th1}R_{th\text{-}oil\text{-}air} + \Delta t}p_{sun} + \frac{C_{th1}R_{th\text{-}oil\text{-}air}}{C_{th1}R_{th\text{-}oil\text{-}air} + \Delta t}\theta_{oil,k-1} + \frac{\Delta t}{C_{th1}R_{th\text{-}oil\text{-}air} + \Delta t}\theta_{amb,k} \qquad (4-18)$$

$$\theta_{top,k} = \frac{R_{th\text{-}top\text{-}oil}\Delta t}{C_{th2}R_{th\text{-}top\text{-}oil} + \Delta t}q_{fe} + \frac{R_{th\text{-}top\text{-}oil}\Delta t R_{dc}K_t}{C_{th2}R_{th\text{-}top\text{-}oil} + \Delta t}I_k^2$$

$$+ \frac{C_{th2}R_{th\text{-}top\text{-}oil}}{C_{th2}R_{th\text{-}top\text{-}oil} + \Delta t}\theta_{top,k-1} + \frac{\Delta t}{C_{th2}R_{th\text{-}top\text{-}oil} + \Delta t}\theta_{oil,k} \qquad (4-19)$$

在式（4-18）和式（4-19）中，除了下标带 k 或 $k-1$ 的参量为未知量外，其余量均可视为已知参量，经过整理，式（4-18）和式（4-19）可整理为：

$$\theta_{\text{oil},k} = K_1 + K_2 I_k^2 + K_3 p_{\text{sun},k} + K_4 \theta_{\text{oil},k-1} + K_5 \theta_{\text{amb},k} \quad (4-20)$$

$$\theta_{\text{top},k} = K_6 + K_7 I_k^2 + K_8 \theta_{\text{top},k-1} + K_9 \theta_{\text{oil},k} \quad (4-21)$$

将式（4-20）代入式（4-21）可得：

$$\theta_{\text{top},k} = K_6 + K_9 K_1 + (K_7 + K_9 K_2) I_k^2 + K_8 \theta_{\text{top},k-1}$$
$$+ K_9 K_4 \theta_{\text{oil},k-1} + K_9 K_5 \theta_{\text{amb},k} + K_9 K_3 p_{\text{sun},k} \quad (4-22)$$

将式（4-22）中的系数整理，令 $K_6 + K_9 K_1 = a_0$，$K_7 + K_9 K_2 = a_1$，$K_8 = a_2$，$K_9 K_4 = a_3$，$K_9 K_5 = a_4$，$K_9 K_3 = a_5$，则式（4-22）可进一步表示为：

$$\theta_{\text{top},k} = a_0 + a_1 I_k^2 + a_2 \theta_{\text{top},k-1} + a_3 \theta_{\text{oil},k-1} + a_4 \theta_{\text{amb},k} + a_5 p_{\text{sun},k} \quad (4-23)$$

至此，完成了变压顶层油温升模型的线性化过程。观察式（4-23）可知，变压器顶层油温与同时刻的电流值的平方、环境温度和光照强度，以及上一时刻的顶层油温与平均油温有关。

以上模型推导仅依据理论而来，与工程实际情况仍存在一定差距，其具体内容与改进措施主要包括以下方面：

（1）在工程实际中，结合物理学常识可知，通过变压器的电流值不会在短时间内突变（正常情况下），周围环境温度与顶层油温本身也是随时间相对缓慢变化的，故作为影响变压器顶层油温的强相关量，模型中应引入电流、环境温度以及顶层油温本身之前时刻的值。

（2）由式（4-4）与式（4-5）可知，变压器环境温度通过影响平均油温，进而影响顶层油温，即平均油温同时在时间和空间上作为环境温度与顶层油温的中间变量。在模型引入电流与环境温度历史值的基础上，应对模型进行适当简化以提高工程应用过程中的运算效率。考虑到模型中已经存在环境温度的历史值与当下值，可以充分体现环境温度对顶层油温的影响，并且在工程实际中平均油温并不能直接测量，需要结合底层油温间接求取，而底层油温的测量存在较大难度。基于以上分析，舍弃模型中的平均油温项。

（3）考虑湖南省地区气候特点为亚热带季风气候，在春、夏季降水较多，造成空气湿度长期处于较高水平；而湖南省地区温差较大的特点也容易形成气流，造成多风的情况。在室外长期工作的变压器的顶层油温不仅与环境温度关联紧密度较高，其变化同样受空气湿度、风速的影响。考虑到空气湿度与风速和变压器顶层油温的关联度不如环境温度强，同时为了不使模型进一步变得复杂，故不考虑引入空气湿度与风速的历史时刻值。

综合上述三点分析，对式（4－23）进一步改进后可得：

$$\theta_{\text{top},k} = a_0 + a_{11}I_k^2 + a_{12}I_{k-1}^2 + a_{13}I_{k-2}^2 + a_{21}\theta_{\text{top},k-1} + a_{22}\theta_{\text{top},k-2} + a_{31}\theta_{\text{amb},k} +$$
$$a_{32}\theta_{\text{amb},k-1} + a_{33}\theta_{\text{amb},k-2} + a_4 p_{\text{sun},k} + a_5 h_k + a_6 w_k \qquad （4-24）$$

式中：h 为空气湿度；w 为风速。

至此，完成了对变压器顶层油温模型的改进。式（4－24）即为可应用于工程实际的变压器顶层油温测算模型。需要指出的是，模型中的相关参数应利用式（4－10）～式（4－14）求取，但考虑到实际中不仅求取参数所需要的物理量困难，计算过程也较为复杂，所求取的参数误差也较大。为解决这一问题，可以考虑基于数据驱动的拟合方法来反向求取模型中的参数。

4.4　基于相似时刻与 NLSF 的配电变压器油温测算方法

变压器的热状态可通过其内部的热点温度或顶层油温来反映，由于测量技术的限制，目前对热点温度的精确测量仍难以实现，但变压器的顶层油温与热点温度关联性较强，可以通过测量顶层油温来推算变压器内部热点温度，或通过顶层油温值来直接对变压器的热状态进行实时监测。

目前的研究中对变压器顶层油温的预测都是基于大量的已有顶层油温的历史数据或变压器周围的历史小时级气象数据，考虑到供电区域内的变压器少则数十台，多则成百上千台，若对每台变压器加装顶层油温测量装置与周围环境温度测量装置，其安装维护成本过高，故而在实际中不易实现。本节对于同一地区的同一型号变压器择一代表为其加装顶层油温测量装置，用以获取顶层油温历史数据，结合相应时刻的电气数据与容易获得的日气象数据，建立针对特定地区特定型号变压器的基于电气数据的变压器顶层油温实时测算模型，并用于该地区其他该型号的变压器顶层油温数据的获取，以达到减少获取大量变压器顶层油温数据成本的目的。

4.4.1　数据划分

为后续验证方法的可靠性，需首先将数据划分为训练集与测试集。选定特定地区要获取大量变压器顶层油温历史数据的特定型号的变压器，选择一台变压器作为试验变压器，为其安装顶层油温测量装置，采集一定量的历史顶层油温数据与同一时刻的电气数据与每日气象数据，为验证所提方法的可行性，取顶层油温待测日前 30 天数据为训练集数据，待测日当天数据为测试集数据。以顶层油温待测日前 30 天的电气数据与顶层油温数据为训练集样本，以顶层油温待测日当日的电气数据与顶层油温数据为测试集样本，可表示为：

$$\text{Train} = \left[(\boldsymbol{\alpha}_1, a_1), (\boldsymbol{\alpha}_2, a_2), \cdots, (\boldsymbol{\alpha}_{Num_{\text{Train}}}, a_{Num_{\text{Train}}}) \right] \qquad (4-25)$$

$$\text{Test} = \left[(\boldsymbol{\beta}_1, b_1), (\boldsymbol{\beta}_2, b_2), \cdots, (\boldsymbol{\beta}_{Num_{\text{Test}}}, b_{Num_{\text{Test}}}) \right] \qquad (4-26)$$

式中：Train 为训练集样本；Test 为测试集样本；$\boldsymbol{\alpha}_i$ 为训练集中第 i 个样本的输入向量，根据式（4-24）可知该向量包含电流平方及其历史值、顶层油温历史值、环境温度及其历史值、光照功率、风速和空气湿度；a_i 为训练集中第 i 个样本的输出标签，即测算的此刻变压器顶层油温值；$\boldsymbol{\beta}_i$ 为测试集中第 i 个样本的输入向量；b_i 为测试集中第 i 个样本的输出标签；Num_{Train} 为训练集样本总数量；Num_{Test} 为测试集样本数量。

此外，选择待测日前 30 天数据为训练数据是因为前 30 天的气候与待测日相近，避免因气候差异较大日期的数据对模型拟合进行干扰，从而增大模型误差；而训练集数据也不宜过少，否则会导致数据量过少从而使得模型不足以拟合出输入与输出之间的关系。

4.4.2 非数字化数据处理

在所收集到的数据中难免包括非数字化部分，对于该部分数据若不加以处理，将无法将该部分数据或该部分属性用于后续的模型构建中。本小节以地区气象数据中的天气属性为例，提供一种对采集到的气象数据中的非数字化属性部分进行打分与赋值，将非数字化地区气象数据非数字化属性转换为数字化属性的思路方法，从而可以将其应用于后续的模型构建中。

当日的地区气象数据主要包括最高温、最低温以及天气情况等，而天气情况直接影响了众多气象属性，也直接影响了气象状况对配电变压器顶层油温的影响。一般地，认为晴天的湿度较低，温度较高，风速较小，对配电变压器顶层油温有正影响，阴雨天对其有负影响。基于此，对当地气象数据中的天气属性按表 4-2 进行转换。

表 4 - 2　　　　　　　　　　天气属性分值转换表

天气	晴	多云	阴	小雨	中雨	大雨	小雪	中雪	大雪
分数值	5	4	3	2	1	0	-1	-2	-3

由表 4 - 2 可知，转换后的天气属性分数值都处于较低水平，与最高或最低气温值在数值上差别较大。为避免后续依照气象属性为日期进行分类时气温值或其他属性值明显高于或低于上述转换值而导致聚类过程中弱化或强化天气属性值的影响，将上述值做如下转换：

$$S' = S\zeta \tag{4-27}$$

式中：S 为原始天气分数值；ζ 为季节影响因子，夏季取 $4\sim6$，冬季取 $1\sim3$，具体取值视实际地区情况而定；S' 为考虑平衡天气分数在聚类过程中的影响后的天气分数值。

在实际的气象情况中，会存在某一天里天气由 A 转 B 的情况，对此天气转换分值可以做以下处理：

$$S'' = \begin{cases} \dfrac{T_A}{24}S'_A + \dfrac{T_B}{24}S'_B & ,\quad T_A、T_B 可得 \\[2mm] \dfrac{S'_A + S'_B}{2} & ,\quad T_A、T_B 不可得 \end{cases} \tag{4-28}$$

式中：T_A 与 T_B 为存在天气 A 转 B 的天气中天气 A 与天气 B 的持续时间，h；S'_A 与 S'_B 为经式（4 - 27）转换后的天气 A 与天气 B 的天气分数值；S'' 为存在天气 A 转 B 的日期的天气分数值。

该小节主要以天气情况为例，提供一种将日期天气属性中非数字化的部分数字化的思路方法，其余非数字化属性可参照该方法进行数字化。

4.4.3　数据分组

在工程实际中利用历史数据对变压器顶层油温测算模型拟合时发现，若将所有数据不做分组处理直接全部用于模型拟合时：

（1）若数据量较充足且数据维度可以满足式（4 - 24）的要求，则误差可以控制在可接受范围内，其测算误差一般维持在 $3\sim5℃$。

（2）若变压器所处工程现场的条件欠佳，只能收集变压器电气数据与变压器所处区域的历史天气数据，只依靠电气数据拟合模型往往会造成误差较大。

根据我国电力系统的发展现状，大多数变压器属于第二种情况，经分析，造成测算误差较大的原因主要是每日之间气候不同以及每日昼夜温差较大所造成的电气数据与顶层油温数据之间的规律不同所致。针对该情况，可考虑对数据进行分组，分别进行顶层油温测量模型拟合，以提高模型测算精度，提高变压器顶层油温测算的准确率。

为减少每日之间因气候不同所造成的电气数据与顶层油温数据之间的规律不同而导致的模型误差，对数据按日期根据每日气象情况进行分类处理。这里认为气象属性中的最高气温、最低气温与天气状况三个气象属性足以说明该日的天气状况，若增加其他气象属性反而会降低根据真实的天气状况对日期进行聚类的质量。在数据维度不高且数据量不大（对待测日期前 30 天按气象状况进行聚类）的情况下，使用较为简易经典的聚类算法便可以完成聚类目的，同时能提高运算效率。这里利用 K-means 聚类算法对日期按气象情况进行分类。

在利用 K-means 聚类算法进行聚类时，首先要拟定聚类类别数目 k，并初始化 k 个聚类中心点，按照式（4-29）计算每个日期气象属性与聚类中心点的距离，每个日期归于与其距离最近的聚类中心点，并以此形成 k 类。

$$L_{ij} = \sqrt{\sum_{k=1}^{m}(x_{ik} - x_{jk})^2} \qquad (4-29)$$

式中：L_{ij} 为第 i 个日期气象数据与第 j 个聚类中心的欧氏距离；m 为气象属性维度；x_{ik} 为第 i 个日期气象数据中第 k 维数据；x_{jk} 为第 j 个聚类中心的第 k 维数据。

在完成上述操作后，计算每个类中的所有数据的平均值，并以此为新的聚类中心，并按式（4-30）计算判敛指标：

$$E = \sum_{i=1}^{k}\sum_{x_q \in C_i}(x_q - m_i)^2 \qquad (4-30)$$

式中：E 为判敛指标；m_i 为 C_i 类的聚类中心；x_q 为 C_i 类中的样本。

若判敛指标 E 达到限定条件或摆动很小则说明聚类已趋于稳定，聚类过程结束，否则不断重复上述过程。

当聚类过程结束时，需要对聚类效果进行评价，不断调整 k 值，重复聚类过程，通过比较不同 k 值下的聚类效果来确定合适的 k 值。

根据式（4-31）评价每个 k 值下的聚类效果：

$$CHI(k) = \frac{tr(B_k)}{tr(W_k)}\frac{Num_{\text{Train}} - k}{k-1} \qquad (4-31)$$

式中：$CHI(k)$ 为聚类数为 k 时的 Calinski-Harabaz Index 值；B_k 为类别之间的协方差矩阵；W_k 为类别内部数据的协方差矩阵；tr 为矩阵的迹。

通过分析可知，若 CHI 值越大，则类别之间的协方差越大，类别内部的协方差越小，此时的聚类效果越好。在实际应用当中，可尝试不同的 k 值以确定合适的聚类个数。

完成上述步骤后，各个日期按照气象属性的分类完成，则每一条数据依据其所处日期完成一次分组，并为其添加 I 类标签，在一次分组中被分到同一组的数据拥有相同的 I 类标签。根据工程实际应用经验，仅完成一次分类，尚不足以将测算误差控制在合理的范围内，需要对经过一次分类后的数据再次按照所处一日内小时段进行二次分组。

为减少因每日昼夜温差大所造成的电气数据与顶层油温数据之间的规律不同而导致的模型误差，对数据按所处当天小时段进行分组处理。一天 24h 可以分为 1、2、3、4、6、12、24 组，拟定所处小时段对数据进行二次分组的组数为 c，所属小时数处于 $0 \sim 24/c$ 的 II 类标签定为 1，所属小时数处于 $24/c \sim 2 \times 24/c$ 的 II 类标签定义为 2，以此类推，所属小时数处于 $24/c \sim c \times 24/c$ 的 II 类标签定义为 c。

以将 24h 分为 3 组为例，则所有数据中，在完成基于其所处日期及气象数据的一次分组后，再基于其所处小时段进行二次分组，并为其添加 II 类标签。在所有数据中处于 $0 \sim 7h$ 的数据拥有相同的 II 类标签，处于 $8 \sim 15$、$16 \sim 23h$ 的同理。而在工程实际应用当中，对于同地区同型号的变压器，在依照式（4－31）确定好一次分组数的基础上，采用遍历法来确定二次分组数，从而最终确定好将所有数据共分为多少组。经过二次分组，所有数据被分为 ck 组。训练集数据分组示意图如图 4－9 所示。

4.4.4　顶层油温测算模型拟合

在经过一次分组与二次分组后，训练数据被分为 ck 组。至此，每组数据已排除了每日之间气候不同以及每日昼夜温差较大所造成的电气数据与顶层油温数据之间的规律不同所导致的误差，故可以对每组数据分别拟合一个变压器顶层油温测算模型，该模型适用于该地区处于相似时刻的该类型变压器的顶层油温测算模型。

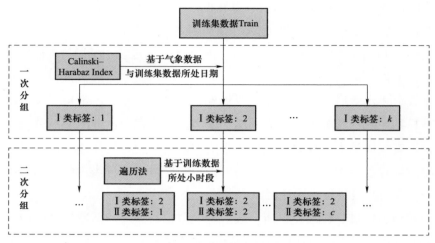

图 4-9　训练集数据分组示意图

由于在理论分析的基础上可得出顶层油温的测算模型如式（4-24）所示，显然其模型为复杂程度较低的模型，故此处不用过于高深复杂的算法来进行模型拟合。采用非线性最小二乘拟合法（nonlinear least squares fitting，NLSF）来对顶层油温测算模型进行拟合。对于经过二次分组后的每一组数据，设某一组所包含的训练数据为：

$$G_i = \left\{ (\boldsymbol{x}_1, y_1), (\boldsymbol{x}_2, y_2), \cdots, (\boldsymbol{x}_N, y_N) \right\} \tag{4-32}$$

式中：$\boldsymbol{x}$ 为式（4-24）中等式右边影响变压器顶层油温的参量向量；$\boldsymbol{y}$ 为顶层油温值。

按 NLSF 为该数据拟合测算模型，其原理为最小化误差平方，该优化问题可表示为：

$$\min_{\delta, \omega} \sum_{n=1}^{N} [y_n - (\delta + \boldsymbol{\omega}^{\mathrm{T}} \boldsymbol{x}_n)] \tag{4-33}$$

式中：$\delta + \boldsymbol{\omega}^{\mathrm{T}} \boldsymbol{x}_n$ 为模型超平面表达式；δ 为常数项；$\boldsymbol{\omega}^{\mathrm{T}} \boldsymbol{x}_n$ 为自变量线性累加和形式。

令 $\bar{\boldsymbol{\omega}} = [\delta, \boldsymbol{\omega}^{\mathrm{T}}]^{\mathrm{T}}$，则式（4-33）所表示的优化问题可以简化为：

$$\min_{\delta, \omega} \sum_{n=1}^{N} (\boldsymbol{y} - \bar{\boldsymbol{\omega}}^{\mathrm{T}} \boldsymbol{X})^{\mathrm{T}} (\boldsymbol{y} - \bar{\boldsymbol{\omega}}^{\mathrm{T}} \boldsymbol{X}) \tag{4-34}$$

式中

$$X = \begin{bmatrix} 1 & 1 & \cdots & 1 \\ x_1 & x_2 & \cdots & x_N \end{bmatrix} \qquad (4-35)$$

$$y = [y_1, y_2, \cdots, y_N] \qquad (4-36)$$

对 $\bar{\omega}$ 求导，并令其等于 0，可得：

$$\bar{\omega} = (XX^{\mathrm{T}})^{-1}Xy^{\mathrm{T}} \qquad (4-37)$$

此即为对该组数据拟合所得的模型解。

在 ck 个测算模型拟合好之后，将其作为后台准备。当有待测数据时，首先根据式（4-30）中的判敛指标判断 K-means 算法迭代结束时，记录其 k 个中心点的距离，根据待测数据所处日期的气象数据与式（4-29），计算其与各个中心点的欧式距离，取最小者所属的类别作为待测数据的一次分组结果，根据待测数据所处的小时段作为其二次分组的结果，为待测数据添加 I 类与 II 类标签后完成待测数据的归组，再将待测数据代入该组拟合好的顶层油温测算模型，得到待测油温值。

待测油温的测算过程如图 4-10 所示，其中实线表示假设待测数据所分到的组。

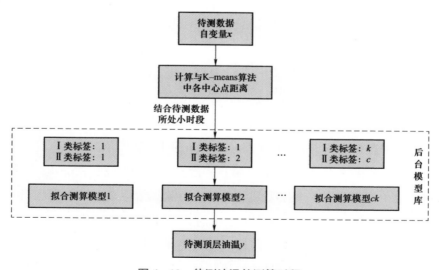

图 4-10　待测油温的测算过程

4.5 实 例 分 析

4.5.1　环境数据完备下的实例

为验证 4.3 节中式（4−24）所示变压器顶层油温实时测算模型，在湖南省某地区采集到某油浸式变压器 2022 年 5 月 5 日至 2022 年 5 月 25 日的顶层油温值、三相电流值、有功功率、无功功率、环境温度、风速以及湿度值，以 15min 为一个时间点，共计 $21 \times 4 \times 24 = 2016$ 条数据。由于工程实际中设备条件原因，本小节实例中未能收集到光照强度数据，但这不影响该例对式（4−24）所示油浸式变压器顶层油温测算模型有效性的说明。

首先从快速拟合计算的角度考虑，在环境数据完备的情况下，考虑不对数据进行一次分组与二次分组，将所有的数据直接利用 NLSF 进行拟合。结合式（4−24）所示顶层油温测算模型与工程实际条件，基于数据驱动的模型拟合过程中，输入 x 为当下时刻电流平方值、上一时刻电流平方值、上二时刻电流平方值、上一时刻顶层油温值、上二时刻顶层油温值、当下时刻环境温度值、上一时刻环境温度值、上二时刻环境温度值、当下时刻风速、当下时刻湿度，输出 y 为当下时刻的顶层油温值。

以 90%的数据作为测试集用于训练模型，以 10%的数据作为测试集用于测算模型。当数据完全不经过分组处理，即在不经过一次分组与二次分组的情况下直接全部用于拟合一个测算模型时，其测算结果如图 4−11 所示，其误差图线及工程实际中普遍所要求的 5℃误差标准线如图 4−12 所示。

由图 4−11 和图 4−12 可见，在数据不经过一次分组与二次分组，直接全部用于拟合成单个模型时，变压器顶层油温实时测算效果一般，仍有相当数据测量点的测量误差越过了工程实际中所要求的 5℃误差线。

测算误差图直观地反映了变压器顶层油温测算模型的测算效果，而为了更准确地评价变压器顶层油温实时测算模型的测算效果，设立以下三项指标用以量化评价测算模型的测算效果：

$$P = \frac{Num_{\text{el}}}{Num_{\text{Test}}} \qquad (4-38)$$

$$\text{RMSE} = \sqrt{\frac{1}{Num_{\text{Test}}} \sum_{i=1}^{Num_{\text{Test}}} (y_i - \widehat{y}_i)^2} \qquad (4-39)$$

$$\text{MAE} = \frac{1}{Num_{\text{Test}}} \sum_{i=1}^{Num_{\text{Test}}} |y_i - \widehat{y}_i| \qquad (4-40)$$

式中：Num_{el} 为测算结果中测算误差大于 5℃温度线的次数；P 为测算过程中误差越过 5℃温度线次数占测试集总数的比例。

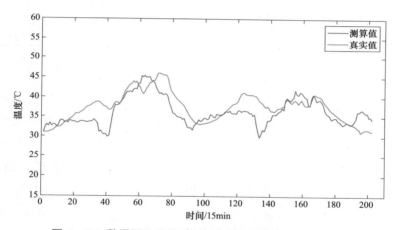

图 4-11　数据不经分组时所拟合模型顶层油温测算结果

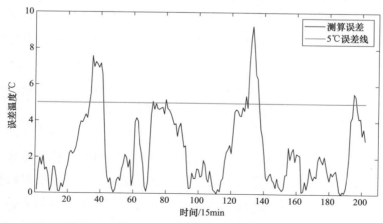

图 4-12　数据不经分组时所拟合模型顶层油温测算误差图线及 5℃误差标准线

通过分析可知，这三项指标越小，说明变压器顶层油温测算模型的测算效果越好。而在工程实际中，测算误差在5℃以内的测算结果对工程实际均具有指导意义，但若 P 值过高则会使测算模型的可靠性下降。故在本章中，在比较模型评价效果时，在 RMSE 值与 MAE 值均处于较为可观水平时，重点比较测算结果的 P 值来判断测算模型的优劣。

经过计算，在不对数据进行一次分组与二次分组，直接全部用于拟合单个测量模型时，其三项指标计算见表4-3。

表4-3　　　　　　　　　　数据不经分组时顶层油温测算指标表

指标	P/%	RMSE	MAE
数值	9.4059	3.1641	2.43

由 RMSE 值与 MAE 值可知，在数据不经过分组直接全部用于拟合单个测算模型时，从均值角度看该模型的测算误差在5℃以内，满足工程中对测算的误差要求。然而，由于 P=9.4%，这意味着在100次对变压器顶层油温的实时测算中有近一成的数据是没有参考价值的，甚至在后续利用测算模型收集变压器顶层油温历史工况数据时会导致数据质量较低从而最终影响顶层油温的预测效果。

基于上述分析，考虑对数据进行分组，并分别拟合出多个测算模型以降低测算的 P 值。在本例中，RMSE 值与 MAE 值已然满足工程实际要求，基于此，考虑对数据只进行一次分组或二次分组即可。根据本章中4.4.3节中的介绍，一次分组较二次分组明显要更复杂。基于上述考虑，该例选择只将数据按所处小时段分为三组，即只为数据进行二次分组并添加Ⅱ类标签，分别拟合模型并将测试集中的数据分别测算。

对数据进行二次分组并添加Ⅱ类标签，分别拟合模型测算油温，其测算结果及其测算误差曲线分别如图4-13与图4-14所示。

由图4-13与图4-14可知，数据按所处小时段分为三段进行二次分组并添加Ⅱ类标签，分别对每组数据进行变压器顶层油温实时测算模型拟合，再分别利用多个模型对测试集中的顶层油温进行测算，得到的结果较不对数据做分组处理得到明显改善。从误差曲线图上可直观地观察到几乎所有的数据点测算误差均保持在5℃以内，与不对数据进行分组相比，顶层油温实时测算的可靠性得到改善。

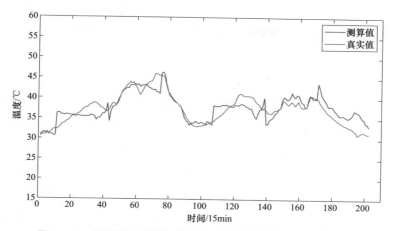

图4-13 数据添加Ⅱ类标签下所拟合模型顶层油温测算结果

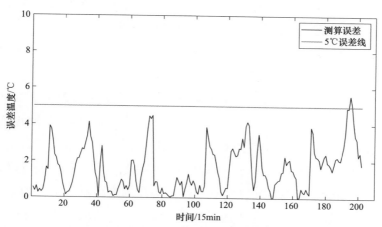

图4-14 数据添加Ⅱ类标签下所拟合模型顶层油温测算误差曲线

同样地,为了量化比较分组前后的顶层油温测算效果,计算数据按所处小时段分组后的三项量化指标见表4-4。

表4-4 数据添加Ⅱ类标签时顶层油温测算指标表

指标	$P/\%$	RMSE	MAE
数值	0.99	2.0251	1.59

由表4-4中指标对比可见,对数据进行分组后不但从误差均值的角度降低了 RMSE 值与 MAE 值,整体上提高了顶层油温测算的精准度,更重要的是大幅

降低了 P 值，相当于在一百个数据测算点中只有一个数据点的测算误差超过了 5℃，极大地提高了模型实时测算变压器顶层油温的可靠性。

4.5.2 环境数据不完备下的实例

上例中为所有变压器配备的测量设备较为完备，可以获取与顶层油温相对应时刻的大部分或全部与其相关的其他变量值。但在现阶段我国大部分地区的工程实际条件中，地区级的供电区域中，变压器的数量少则数十台，多则成百上千台，若为每台变压器装设用于测量影响变压器顶层油温环境数据的传感器等设备，其安装维护成本不可估量。考虑可以在同地区下同一型号并且投入使用年限相近的变压器中，为其中某一代表性变压器安装上述相关传感器用于收集数据拟合模型，后续该地区该型号并且投入年限接近的变压器均使用该模型进行顶层油温的实时测量，而不用为每一台变压器都安装相应传感器。该方法大大减少了工程实际中收集拟合模型所需数据的成本。

本例的目的在于，在环境数据不完备的情况下，验证 4.4 中所提出的变压器顶层油温实时测算方法的有效性。

本例中获取的数据为湖南省某地区某型号配电变压器的 2021 年 9 月 1 日至 2021 年 10 月 22 日的电气数据与气象数据，电气数据包括三相电压、三相电流、有功功率、无功功率和视在功率，气象数据包括每日最高气温、每日最低气温与天气状况。

以数据的后 10% 为测试集，测试集中每个待测日的前 30 天为相应的训练集。

在电气数据中，考虑到正常情况下三相电压的变化不大，作为输入用于训练拟合模型既增加训练拟合计算量，又对于训练模型收效甚微，故不考虑将电压作为输入用于训练拟合模型。对于三相电流与有功功率、无功功率以及视在功率，通过进行相关性分析来决定哪些变量作为模型训练拟合的输入变量。在本例中，认为在表征电流值的三相电流中选择一项、在表征功率值的三个功率值中选择一项共两项指标用于训练拟合模型，如此能兼顾模型训练拟合的速度与测量模型的准确性。

变压器顶层油温与三相电流、有功功率、无功功率和视在功率的相关性分析如图 4-15 所示，由此可知配电变压器顶层油温与 A 相电流值与总无功功率值 Q 相关性较高，故确定配电变压器 A 相电流与同一时刻的总瞬时无功功率为输入的电气数据，输出为同一时刻的顶层油温值。

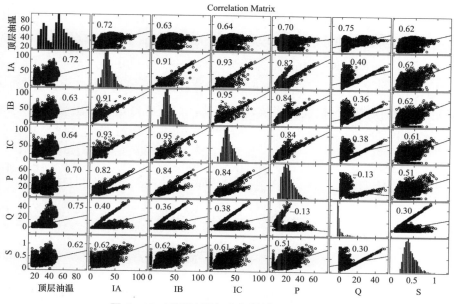

图4-15 顶层油温与电气数据相关性分析图

根据式（4-27）和式（4-28）将气象数据中的天气属性数字化后，利用 K-means 聚类算法按气象属性对所有数据涉及的日期进行聚类，k 值从 2 遍历至 8，分别计算其 CHI 值，其 CHI 值随 k 值的变化曲线如图4-16所示，由此可知在本例中，当 $k=3$ 时聚类效果较好，即本例中对数据进行一次分组时，Ⅰ类标签共有三种的效果最好。

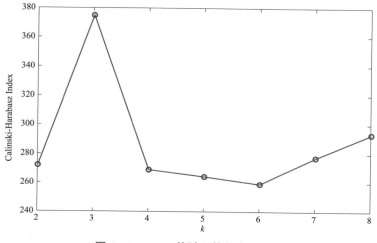

图4-16 CHI 值随 k 值的变化曲线

与上例不同，在未对数据进行一次分组，添加Ⅰ类标签时，数据的分组是固定的，但若对数据的分组涉及一次分组中的 K-means 算法时，参考式（4-29）与式（4-30）可知，K-means 聚类算法的结果存在不确定性。故在本例中，为了证明测算方法的有效性，每次测算过程重复 100 次，以减小 K-means 算法的不确定性对测算方法有效性的影响。相应地，对变压器顶层油温测算效果设置新的评价指标：

$$P_{\mathrm{av}} = \frac{1}{100}\sum_{i=1}^{100} P_i \qquad\qquad (4-41)$$

$$\mathrm{RMSE}_{\mathrm{av}} = \frac{1}{100}\sum_{i=1}^{100} \mathrm{RMSE}_i \qquad\qquad (4-42)$$

$$\mathrm{MAE}_{\mathrm{av}} = \frac{1}{100}\sum_{i=1}^{100} \mathrm{MAE}_i \qquad\qquad (4-43)$$

式中：av 表示整个 100 次测算过程的平均值；i 表示第 i 次测算过程。

为确定二次分组中Ⅱ类标签的个数，考虑到一天中 24h 可分为 2、3、4、6、12 与 24 小时段，采用遍历法来确定二次分组中Ⅱ类标签的数量。

具体的做法是首先一次分组中Ⅰ类标签不变，使二次分组中的Ⅱ类标签的个数依次为 2、3、4、6、12 与 24，并分别计算为数据添加Ⅰ类标签与Ⅱ类标签后进行测试集顶层油温实时测量的 P_{av} 值，P_{av} 最小的则为最佳Ⅱ类标签个数。在确定好二次分组中最佳Ⅱ类标签个数后，再补充进行验证试验，保持二次分组中Ⅱ类标签个数为最佳标签数不变，再将一次分组中的Ⅰ类标签数从 2~8 进行遍历已验证 K-means 算法及依据 CHI 指标所得出的最佳Ⅰ类标签数的合理性。

保持一次分组Ⅰ类标签数不变而遍历二次分组Ⅱ类标签的 P_{av} 变化曲线与保持二次分组Ⅱ类标签数为最佳标签数遍历一次分组Ⅰ类标签数的 P_{av} 变化曲线分别如图 4-17 与图 4-18 所示。

由图 4-17 可知，当二次分组中Ⅱ类标签数为 3 时，即在完成一次分组的基础上，将一天 24h 分为 3 个时间段并结合数据所处小时对数据进行再分组，如此分别训练拟合模型并测算油温，所得 P_{av} 最小，应用于工程实际中的可靠性最高。为进一步印证 4.4 节中所提出的非数字化数据处理以及基于 K-means 算法和 CHI 指标的数据一次分组的合理性，保持二次分组Ⅱ类标签数不变，使一次分组Ⅰ类标签数即 k 值从 2~8 进行遍历，重新对测试集顶层油温进程测算 100

次，并计算 100 次顶层油温测算的 P_{av} 值，其值随 k 值变化曲线如图 4-18 所示，由此可知当 $k=3$ 时，100 次测算过程中的 P_{av} 值最低，进一步印证了一次分组 I 类标签数确定方法的合理性。

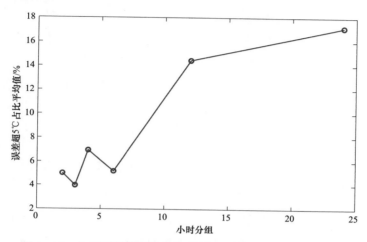

图 4-17　I 类标签数不变而遍历 II 类标签数时 P_{av} 值变化曲线

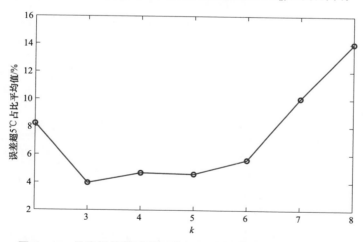

图 4-18　II 类标签数不变而遍历 I 类标签数时 P_{av} 值变化曲线

以上结果表明，无论是对日期分类还是小时段分类，其对顶层油温测算的效果随分类数的增加先变好后变差。这是因为当分类数较少时，同组数据所涵盖的日期与小时段范围较广，而日期、所处小时段差别较大的数据中电气数据与顶层油温之间的函数关系不同，如天气较热时两者之间的关系与天气较冷时两者之间的关系不同，白天时两者之间的关系与夜晚时两者之间的关系不同等，从而导致涵盖日期、小时段范围较广的数据中两者之间的函数关系不明显，继而引起顶层油温测算模型拟合效果差、误差大；而当分类数较多时，虽然组分类较为精细，每组数据的电气数据与顶层油温之间的关系相对更加明确，但因分组过多导致每组所包含数据量较少而造成模型欠拟合，导致两者之间的关系未被充分表征，从而降低了顶层油温测算的效果。

为对以上结果进行补充验证，计算各标签数下的 RMSE 值与 MAE 值，见表 4-5 与表 4-6。

当 $k=3$、二次分组 II 类标签数变化时，指标见表 4-5。

表 4-5　　　当 $k=3$ 时 RMSE$_{av}$ 值与 MAE$_{av}$ 值随 II 类标签数变化表

小时段分类数	100 次循环 RMSE$_{av}$	100 次循环 MAE$_{av}$
2	2.416	1.953
3	2.544	2.100
4	5.013	2.622
6	2.526	2.007
12	4.806	3.126
24	6.262	3.500

二次分组 II 类标签数为 3、k 值变化时，指标见表 4-6。

表 4-6　　　II 类标签数为 3 时 RMSE$_{av}$ 值与 MAE$_{av}$ 值随 k 值变化表

k	100 次循环 RMSE$_{av}$	100 次循环 MAE$_{av}$
2	2.907	2.310
3	2.544	2.100
4	5.013	2.622
5	2.526	2.007
6	3.173	2.543
7	3.990	3.483
8	4.738	3.630

由表 4-5 和表 4-6 可知，当 $k=3$、II 类标签数为 3 时，100 次循环中的 RMSE$_{av}$ 与 MAE$_{av}$ 虽然不一定是最低的，但总体来说极其接近最低值。从工程实

际角度出发，若测算误差可以控制在一定范围内，如控制在5℃范围内，即可对配电变压器实时运行状态或配电网变压器运行预警具有指导意义，故只要 RMSE 值与 MAE 值保持在较低水平即可满足工程实际要求，但若只是改变 k 值或小时段分类数值以降低极少的 RMSE 值或 MAE 值，反而增加了 P_{av} 便得不偿失，因为增加了 P_{av} 值便明显增加了因测算不准确而导致运行风险的概率。因此，从更全面的角度考虑，4.4 节中所提出的方法仍是科学有效的。

为验证对数据进行一次分组和二次分组对变压器顶层油温实时测算效果的提高是有效的，对 k 值和 Ⅱ 类标签数分别取 3 和 1 共四组试验对测试集中的顶层油温进行测算，误差曲线如图 4-19 所示。

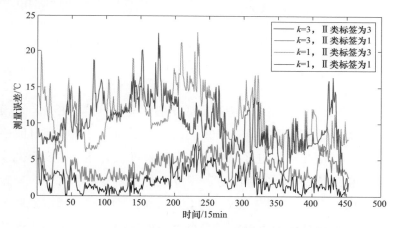

图 4-19　一次分组与二次分组对比试验测试集误差曲线

由此可见，对日期进行分类和对小时段进行分类可明显减小顶层油温测算模型的测算误差。

第5章

油浸式变压器顶层油温温升预测方法

5.1　基于 LSTM 配电变压器油温温升预测模型

5.1.1　LSTM 神经网络简介

　　RNN 是目前在时序预测领域应用最成功的深度学习模型之一，该模型不仅具备了时序的概念，使得模型具有了短期的记忆，而且可以实现时间序列的多个输入和输出。但是在迭代的过程中，如果步长过长会导致梯度消失或者梯度爆炸的情况，梯度消失会使得训练过程中权重的更新变化非常小，导致整体的学习过程陷入局部极值。而基于 RNN 的 LSTM 神经网络可以很好地避免梯度消失的问题，该模型在神经元中增加了多个"门"结构，这种结构在误差传递的过程中会保存必要的信息，从而使得误差能够传递至下一层，因此无论步长多长，梯度都会传递过去，可避免出现梯度消失的情况。基于以上优势，该模型现在被广泛应用于语音识别、文本分析等领域。

　　在深度学习算法中，LSTM 神经网络算法对于具有长期依赖性的大规模时序数据有着良好的预测效果，传统的 RNN 模型存在很多缺陷，因此 LSTM 神经网络模型逐步被广泛应用。该模型可以学习时间序列长短期依赖信息，由于 LSTM 神经网络中包含时间记忆单元，在处理和预测具有较长时间间隔和延迟事件的时间序列方面，该方法的应用效果较优。

　　LSTM 神经网络是递归神经网络的一个衍生，它是在递归神经网络的基础上提出并改进的。LSTM 神经网络由一个输入层、一个输出层和一系列递归连接的隐藏层（称为内存块）组成。每个块由一个或多个自循环（连接到自身）的记忆细胞和三个乘法单元（输入门、输出门和遗忘门）组成，为单元提供连续的读、写和复位操作。LSTM 神经网络通过增加输入门、遗忘门和输出门来改变自循环的权重，自循环记忆细胞可以阻挡任何外界干扰。这样从一个时间步长到另一个时间步长的状态可以保持不变，缓解了模型训练中梯度消失和梯度爆炸的问题，弥补了传统 RNN 模型的不足。LSTM 神经网络单元通过重新设计节点来避免长期依赖问题，不需要付出很大代价来记住长期的信息。LSTM 神经网络特有的结构使其能够学习长期依赖关系，因此广泛应用于文本分析、时间序列预测等领域。

LSTM 神经网络的基本单元结构如图 5-1 所示。其中，$h^{(t-1)}$ 和 $h^{(t)}$ 分别代表之前的细胞和当前细胞的输出，$x^{(t)}$ 是当前单元的输入，方框代表了神经网络层，框中的内容是激活函数，圆圈表示向量之间的运算规则。$c^{(t)}$ 表示神经元在时刻的状态，$f^{(t)}$ 表示遗忘阈值，该阈值通过 sigmoid 激活函数控制遗忘最后一个神经元状态的概率。$i^{(t)}$ 表示输入阈值，确定 sigmoid 函数需要更新的信息，然后使用 tanh 激活函数生成新的记忆 $c'^{(t)}$，并最终控制将有多少新信息添加到神经元状态。$o^{(t)}$ 表示输出阈值，决定了 sigmoid 函数输出神经元状态的那些部分，并使用 tanh 激活函数对神经元状态进行处理，得到最终的输出。

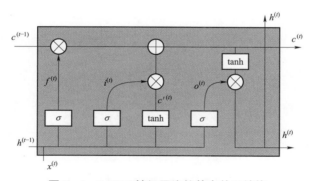

图 5-1　LSTM 神经网络的基本单元结构

LSTM 神经网络及其变体已成功地应用于时间序列预测。LSTM 神经网络将连续数据作为输入，其输入层包含样本、时间步长和特征维数三个参数，其中时间步长可以理解为滑动窗口的长度，其意味着数据样本随时间的变化。时间步长决定有多少历史数据将被用来预测下一次的数据，这有助于 LSTM 神经网络在时间序列数据中学习长期依赖信息，提高预测结果的准确性。隐藏层有一个参数，即隐藏层节点的个数，表示隐藏层中包含的神经元个数。在一个 LSTM 神经网络单元中，每个门的物理实现本质上是一个由几个隐藏层神经元组成的门函数。隐藏层神经元全连接于输入向量，对输入向量进行加权求和，然后与偏差矩阵相加得到隐藏层的输出。输出层包括隐藏层的节点数和输出维度两个参数。

假定模型的输入序列为 $x = (x_1, x_2, \cdots, x_n)$，且 $x \in R^{\mathrm{T}}$，$i = 1, 2, \cdots, n$。其中，n 代表输入维数，T 代表时间步长；输出序列为 $y = (y_1, y_2, \cdots y_n)$。LSTM 神经网络的前向训练过程的表达式为：

$$f^{(t)} = \sigma\{w_f [x^{(t)}, h^{(t-1)}] + b_f\} \tag{5-1}$$

$$i^{(t)} = \sigma\{w_i [x^{(t)}, h^{(t-1)}] + b_i\} \tag{5-2}$$

$$o^{(t)} = \sigma\{w_o [x^{(t)}, h^{(t-1)}] + b_o\} \tag{5-3}$$

$$c'^{(t)} = \tanh\{w_c [x^{(t)}, h^{(t-1)}] + b_c\} \tag{5-4}$$

式中：$i^{(t)}$、$o^{(t)}$、$f^{(t)}$ 分别为输入门、输出门和遗忘门的更新；w_f、w_i、w_o 分别为遗忘门、输出门、输入门的权重系数矩阵；w_c 为神经元状态矩阵；b_f、b_i、b_o、b_c 分别为对应的偏差；$\sigma(\bullet)$ 和 $\tanh(\bullet)$ 分别为 sigmoid 函数和 tanh 函数，具体表示为：

$$\sigma(x) = \frac{1}{1 + \mathrm{e}^{-x}} \tag{5-5}$$

$$\tanh(x) = \frac{\mathrm{e}^x - \mathrm{e}^{-x}}{\mathrm{e}^x + \mathrm{e}^{-x}} \tag{5-6}$$

细胞状态 $c^{(t)}$ 和 RNN 单元的最终输出 $h^{(t)}$ 可以通过式（5-7）和式（5-8）得到：

$$c^{(t)} = f^{(t)} c^{(t-1)} + i^{(t)} c'^{(t)} \tag{5-7}$$

$$h^{(t)} = o^{(t)} \tanh[c^{(t)}] \tag{5-8}$$

5.1.2　基于 LSTM 的变压器顶层油温预测模型

本小节以一个实例来说明如何利用 LSTM 算法实现变压器顶层油温的预测，并表现其合理性。

不管采用哪种方式来预测变压器顶层油温，皆会出现相应的误差，这是难以避免的，所以通过建立评价指标体系，利用误差来评价预测方法的准确度和适用性。为了更好地对不同模型的性能进行比较，采用 RMSE、MAE 和 MAPE 三个指标衡量每个模型的性能。上述评价指标越接近于 0，则预测性能越好；反之，则预测误差较大。具体计算式为：

$$RMSE = \sqrt{\frac{1}{N}\sum_{i=1}^{N}(y_i - \hat{y}_i)^2} \tag{5-9}$$

$$MAE = \frac{1}{N}\sum_{i=1}^{N}|y_i - \hat{y}_i| \tag{5-10}$$

$$MAPE = \frac{100}{N}\sum_{i=1}^{N}\left|\frac{y_i - \hat{y}_i}{y_i}\right| \tag{5-11}$$

本小节实验软件平台为 Anaconda，编程语言为 Python 3.6；由于 Keras 具有模块化、支持训练模型层的自由组合等优点，实验采用 Keras 来实现基于 LSTM 神经网络模型的变压器顶层油温度的预测。

数据集为 2019 年 10 月 7 日到 2019 年 10 月 31 日的某地区变压器的顶层油温数据，以 30min 为间隔进行采样，一天共 48 条数据，全部数据为 1200 条。以 t 时刻为例，引入滑动时间窗并设置滑动窗口为 $lookback$，即采用 $[t, t + lookback]$ 数据来预测 $t + lookback$ 时刻的数据。这里选取 $t + lookback = 4$，即采用前两个小时的数据来预测下面一个数据。

由第 4 章分析可知，影响变压器顶层油温的其他变量众多，但在本小节实例中只考虑将 LSTM 应用于变压器顶层油温预测的可行性，故在该例中只选择三相电流、环境温度与顶层油温作为历史值用于模型输入，顶层油温预测值作为模型输出。考虑到不同影响因素具有不同的单位和量纲的情况，为了减少不同量纲对预测结果的干扰，对所有数据进行归一化处理：

$$x_{ti}^* = \frac{x_{ti} - \min(x_i)}{\max(x_i) - \min(x_i)} \tag{5-12}$$

式中：x_{ti} 和 x_{ti}^* 分别为第 t 时刻第 i 个影响因素归一化前和归一化以后的值；$\max(x_i)$ 和 $\min(x_i)$ 分别为第 i 个影响因素的最大值和最小值。

归一化后的数据范围为[0, 1]。

数据预处理后，按照训练集：验证集：测试集 = 0.6:0.2:0.2 的比例将数据划分为三部分，训练集作为模型的输入，验证集对模型的超参数进行调整和对模型的能力进行初步评估，测试集用来评估最终模型的泛化能力。

为了验证影响因素对预测结果的影响，首先对单变量进行预测，即只考虑之前时刻的顶层油温。选取指定时间窗口时刻的历史温度作为输入，时间步长取 12。将测试样本代入训练好的模型进行预测，同时分别取迭代次数为 50、100、200 以考虑不同迭代次数对预测性能的影响。从表 5-1 中可以看出，在所选取的范围内，随着迭代次数的增加，预测性能有所提升。

表 5-1　　　　　　　　不同迭代次数预测性能对比

迭代次数/次	R^2	RMSE	MAE	MRE
50	0.95	1.77	0.75	0.43
100	0.97	1.15	0.62	0.42
200	0.97	1.06	0.58	0.42

采用 LSTM 多变量输入顶层油温预测模型进行预测，根据 5.1.1 中的相关性分析，采用环境温度和三相负荷电流的历史数据作为输入变量，对数据集进行同样处理，迭代次数为 100，采用两层 LSTM，以 MSE 作为网络的损失函数，将测试样本代入训练好的模型进行预测，对预测数据进行反归一化处理，并计算各项预测指标。

预测结果如图 5-2 所示，相关性为 0.9873，MSE＝0.3621。可以看出，预测结果与测量数据非常接近，能够很好地反映变压器顶层油温的变化趋势，且预测值略高于实测值，对变压器热状态的估计更加可靠保守，因此预测结果对于保障变压器安全更具有实用价值。

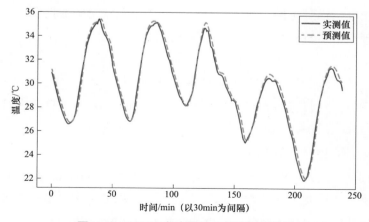

图 5-2　LSTM 多变量输入模型预测结果

为了避免主观选择时间窗口对预测结果的影响，采用 PSO 算法对时间窗口进行迭代优化，对标准 PSO 参数进行初始化，设 $c_1 = c_2 = 2$，种群规模 $n = 20$，最大迭代次数 $N = 100$，粒子维数 $d = 1$。

为了验证 PSO 对 LSTM 顶层油温预测模型的有效性，基于深度学习库 Keras 和 MATLAB 构建了五个预测模型分别为：① 考虑单因素变量预测且只有一个隐藏层的 LSTM 模型（LSTM1）；② 考虑多因素变量预测的 LSTM 模型（LSTM2）；③ 结合 PSO 算法优化时间窗口的多因素 LSTM 模型（PSO-LSTM）；④ 构建了用于处理时间序列预测的极限学习机预测（ELM）；⑤ 基于 PSO 算法的极限学习机预测模型（PSO-ELM）。对于相同的样本数据，利用以上五个模型对变压器顶层油温进行预测。

采用 5.1.1 中的评价指标，将前述五种模型进行对比。从表 5-2 中可以看出，PSO-ELM 相比 ELM，预测结果的 RMSE 提高了 35%，但由于 LSTM 本身具有较好的性能，故只考虑单因素的 LSTM 顶层油温预测模型已经取得很好的预测效果，MSE 仅为 0.4911。除此之外，基于相关性分析，增加强相关因素作为模型的输入较单一变量时进一步减小了预测误差。在此基础上，PSO-LSTM 取得了最佳预测效果，MSE = 0.2607，相比未采用 PSO 算法的预测结果，RMSE 提高了 28%，平均相对误差为 1.03%。

表 5-2　　　　　　　　　　　　五种模型的预测效果对比

模型	ELM	PSO-ELM	LSTM1	LSTM2	PSO-LSTM
RMSE	2.3882	1.5501	0.4911	0.3621	0.2607
MAE	1.9518	1.2024	0.3467	0.3091	0.2058
MAPE	0.0693	0.0402	0.0124	0.0106	0.0103

基于上述分析，提出的 PSO-LSTM 模型能够更好地预测变压器顶层油温，在实际预测过程中，结合滑动时间窗口的思想，保持输入样本个数不变，用新的数据去替换更早时刻的数据不断进行训练。由于变压器油箱内部具有热惯性，选取合适的时间窗口值对预测精度至关重要。为了避免主观选择参数对模型性能的影响，采用 PSO 算法对时间窗口进行优化，PSO-LSTM 模型明显优于 PSO-ELM 和标准的 LSTM 模型，提高了模型的泛化性和精确性，为变压器的安全稳定运行和延长寿命时间提供了重要依据。

5.2 基于 SWT-ISSA-LSTM 的配电变压器 顶层油温预测模型

5.2.1 麻雀搜索算法

麻雀搜索算法（sparrow search algorithm，SSA）模拟的是自然界中麻雀搜索食物的过程，属于演化算法或进化算法（evolution algorithms，EA）的一种。类似地，其种群可表示为：

$$X = \begin{bmatrix} \boldsymbol{x}_1 \\ \boldsymbol{x}_2 \\ \vdots \\ \boldsymbol{x}_m \end{bmatrix} = \begin{bmatrix} x_{11} & x_{12} & \cdots & x_{1n} \\ x_{21} & x_{22} & \cdots & x_{2n} \\ \vdots & \vdots & x_{ij} & \vdots \\ x_{m1} & x_{m2} & \cdots & x_{mn} \end{bmatrix} \quad (5-13)$$

式中：m 为种群中麻雀的数量；n 为麻雀所在空间的维数；x_{ij} 为种群中第 i 只麻雀第 j 维的位置。

种群的适应度矩阵可表示为：

$$\boldsymbol{F}(X) = \begin{bmatrix} f(\boldsymbol{x}_1) \\ f(\boldsymbol{x}_2) \\ \vdots \\ f(\boldsymbol{x}_m) \end{bmatrix} = \begin{bmatrix} f(x_{11},x_{12},\cdots,x_{1n}) \\ f(x_{21},x_{22},\cdots,x_{2n}) \\ \vdots \\ f(x_{m1},x_{m2},\cdots,x_{mn}) \end{bmatrix} \quad (5-14)$$

式中：f 为目标函数。

适应度值较高的部分麻雀被定义为发现者，发现者将按式（5-15）更新位置：

$$x_{ij}^{t+1} = \begin{cases} x_{ij}^t \exp(-i/\rho N), R^2 < ST \\ x_{ij}^t + Q, R^2 > ST \end{cases} \quad (5-15)$$

式中：i 为该麻雀的适应度排序；N 为最大迭代次数；R^2、ρ 为均匀随机数且 $R^2 \in [0,1]$，$\rho \in (0,1]$；Q 为服从标准正态分布的随机数，$ST \in [0.5,1]$，为警戒阈值。

当 $R^2 > ST$ 时，表示当前环境存在一定危险，发现者需要随机移动到当前位置附近；而当 $R^2 < ST$ 时，表示当前环境比较安全，发现者会继续进行广泛搜索，不同的是会不断缩小每一维的值，以至于发现者位置有趋于原点的收敛倾向，显然这并不是一个好的策略。

除了发现者外，其余的麻雀被定义为跟随者，跟随者按式（5－16）更新位置：

$$x_{ij}^{t+1} = \begin{cases} Q\exp[(x_{ij}^{w,t} - x_{ij}^{t})/i^2], i > \text{m}/2 \\ x_{ij}^{b,t} + \left(\sum_{j=1}^{n} rand\{-1,1\} \times \left| x_{ij}^{b,t} - x_{ij}^{t} \right| \right)/n, i \leqslant \text{m}/2 \end{cases} \quad (5-16)$$

式中：$x_{ij}^{w,t}$ 为该代种群中适应度值最低的麻雀的位置；$x_{ij}^{b,t}$ 为该代种群中适应度值最高的麻雀的第 j 维位置。

当 $i < \text{m}/2$ 时，该部分跟随者的适应度值较高，位置较好，将直接移动到当前最优位置附近，具体表现为该部分跟随者的每一维加上当前位置与最优位置各维距离之和的平均值，这保证了新位置不会在某一维上与最优位置的距离过大；当 $i > \text{m}/2$ 时，该部分跟随者的位置较差，将飞往其他地方寻找食物，种群收敛时其位置将趋于标准正态分布随机数，即有较高概率收敛于原点，显然这也是不明智的。

觅食过程中将从整个种群（包括发现者与跟随者）中随机选择部分麻雀作为侦察者，认为侦察者发现危险并且会无条件地放弃当前位置移动到另一位置。侦察者按式（5－17）更新其位置：

$$x_{ij}^{t+1} = \begin{cases} x_{ij}^{b,t} + \eta(x_{ij}^{t} - x_{ij}^{b,t}), f_i \neq f_b \\ x_{ij}^{t} + K[(x_{ij}^{t} - x_{ij}^{w,t})/(\left| f_i - f_w \right| + \varepsilon)], f_i = f_b \end{cases} \quad (5-17)$$

式中：η 为服从标准正态分布的随机数；K 为均匀分布的随机数，且 $K \in [-1,1]$；ε 为一较小的数；f_b 与 f_w 分别为最优与最差位置的适应度值。

当侦察者所处位置为最优位置时，将会移动到当前位置附近，其程度取决于自身与最差位置的距离和最大适应度、最小适应度的差值之比，分子表示向当前位置与最差位置之间的某处移动，而移动幅度的大小取决于分母；当侦察者不处于最优位置时，将会快速移动（或跳跃）到最优位置附近。

5.2.2　改进的麻雀搜索算法

在传统的 SSA 中，每一只麻雀（个体）更新位置时都有两种倾向：一是向最优位置靠拢；二是向原点靠拢。这两种趋势使得种群更新过程中容易陷入局部最优解，并且当全局最优解距原点较远时算法的性能会下降，故考虑对麻雀算法进行以下改进，形成改进的麻雀搜索算法（improved sparrow search algorithm，ISSA）。

1. 混沌初始化种群

混沌现象可以描述为在系统中出现的一种貌似无规则、随机而实则具备一定确定性的现象。混沌数生成器（chaotic number generator，CNG）经常用于演化算法中生成初始种群，较为常见的 CNG 有 Sine 模型、Logistic 模型以及 PWLCM 模型等。其中，Sine 模型所生成的数据序列的混沌范围较小且分布不均匀，Logistic 模型存在有限的映射折叠，虽然 PWLCM 模型的遍历性较好，但其存在零点，不能完全保证种群的随机生成。而结合 Sine 模型和 PWLCM 模型的一维复合混沌映射模型（Sine-PWLCM mapping，SPM）可以有效解决上述问题，其方程定义为：

$$x_{i+1} = f(x_i, \alpha, \beta, \delta) = \begin{cases} MOD\left[\dfrac{x_i}{\alpha} + \beta\sin(\pi x_i) + \delta, 1\right], & 0 \leqslant x_i < \alpha \\ MOD\left[\left(\dfrac{x_i}{\alpha}\right)\Big/(0.5-\alpha) + \beta\sin(\pi x_i) + \delta, 1\right], & \alpha \leqslant x_i < 0.5 \\ f(1-x_i, \alpha, \beta, \delta), & x_i \geqslant 0.5 \end{cases}$$

$$(5-18)$$

式中：$\alpha, \beta \in (0,1) \in (0,1)$；$\delta$ 为随机偏移量。

在选取相同初值的情况下，以随机二维麻雀种群为例，三种混沌映射方法的映射结果如图 5-3 所示。由图 5-3（a）可见，Sine 混沌映射发的混沌效果不理想，每一维的值大多分布在 0 附近，进而导致种群中大部分个人分布在原点周围；图 5-3（b）与图 5-3（a）及图 5-3（d）对比，PWLCM 模型与 SPM 模型产生的序列分布较为均匀，随机值覆盖范围广，遍历性好；但 PWLCM 模型存在零点，当初值（某次迭代过后的新值）取到 0.5 时，模型便失去产生新的序列会失去混沌性质，如图 5-3（c）所示。

与均匀随机生成模型以及 Sine 等模型相比，SPM 模型能够提高演化算法的种群多样性与收敛性等性能，且不存在零点问题，因此采取 SPM 模型来生成 SSA 的初始种群。

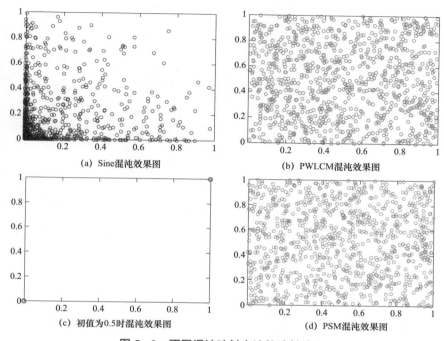

(a) Sine混沌效果图　　　　　　　(b) PWLCM混沌效果图

(c) 初值为0.5时混沌效果图　　　　(d) PSM混沌效果图

图 5-3　不同混沌映射方法的映射结果

2. 改进位置更新方法

如前所述，麻雀更新位置时向最优位置和原点靠近的倾向会使算法有陷入局部最优解与性能降低的风险，故考虑对传统 SSA 中的位置更新方法进行改进。

对发现者位置更新方式（5-15）进行改进，见式（5-19）与式（5-20）：

$$x_{ij}^{t+1} = \begin{cases} x_{ij}^t \omega(1+Q), R^2 < ST \\ x_{ij}^t + Q, R^2 \geqslant ST \end{cases} \quad (5-19)$$

$$\omega = [e^{1-t/N} - e^{-(1-t/N)}] / [e^{1-t/N} + e^{-(1-t/N)}] \quad (5-20)$$

当发现者未发现危险时，其位置为原位置乘以均值为 1、方差为 1 的服从正态分布的随机数，即将进一步扩大搜索范围。扩大搜索范围的目的在于避免位置更新过程中陷入局部最优解的同时又避免算法结果收敛于原点。引入动态自适应权重系数，以保证在算法迭代初期发现者拥有更大的搜索范围，而在迭代后期逐渐缩小搜索范围以提高收敛速度。

对跟随者的位置更新方式（5-16）进行改进，见式（5-21）：

$$x_{ij}^{t+1} = x_{ij}^t + \left[\sum_{j=1}^{n}(rand\{-1,1\}\times| x_{ij}^{b,t} - x_{ij}^t |)\right]\bigg/ n \qquad (5-21)$$

即所有跟随者都将完全跟随所处位置最优的发现者进行移动，这使得即使适应度值较低的麻雀也仍能逐渐向最优解靠近，以提高算法的收敛性；同时将迅速移动到最优位置附近更改为以当前位置为基准逐步向最优位置靠近，离最优位置越远则移动的距离越大，从而进一步避免了算法陷入局部最优解的问题。

对侦察者的位置更新方式（5-17）进行改进，见式（5-22）：

$$x_{ij}^{t+1} = \begin{cases} x_{ij}^t + \eta(x_{ij}^t - x_{ij}^{b,t}), f_i \neq f_b \\ x_{ij}^t + [K/(| f_i - f_w | +\varepsilon)], f_i = f_b \end{cases} \qquad (5-22)$$

类似地，当侦察者不是发现者时，其更新位置时也应当以当前位置为中心而非最优位置为中心。而当侦察者是发现者时，考虑不能保证最差位置也无危险，则无须移动到当前位置与最差位置之间。

3. 融合反向学习策略

在麻雀种群中跟随者所占比例较大，且跟随者更新后的位置很大程度上取决于位置最优的发现者，为进一步扩大位置最优发现者的搜索范围，在位置更新后对位置最优的发现者的位置进行扰动。

反向学习是 Tizhoosh 于 2005 年在智能算法领域提出的一种思想，其目的在于避免智能算法在迭代初期因初值与最优解距离过大甚至完全相反而造成算法时效性下降。基于此，考虑同时搜索当前解及其反向解，并取其优者作为更新解。关于 n 维空间中任意一点 $p = (x_1, x_2, \cdots, x_n)$ 的反向点的定义见式（5-23）与式（5-24）：

$$x^* = a + b - x, x \in [a,b] \qquad (5-23)$$
$$p^* = (x_1^*, x_2^*, \cdots, x_n^*) \qquad (5-24)$$

式中：p^* 为点 p 的反向点。

通过将反向学习策略融入 SSA，增强其跃出局部空间的能力，避免 SSA 陷入局部最优解，从而提高算法寻优性能。在得到当前解及其反向解后，采用贪心思想对最优位置进行重新选择，即对当前解与反向解的适应度值进行比较，选择适应度值较高的作为新的最优位置，见式（5-25）：

$$x^b = \begin{cases} x^b, f(x^b) > f(x^{b*}) \\ x^{b*}, f(x^b) < f(x^{b*}) \end{cases} \qquad (5-25)$$

为验证该 ISSA 的性能，分别用传统的 SSA 与 ISSA 对最优解距原点较远时的目标函数进行寻优，目标函数见式（5-26）：

$$\min f(\pmb{x}) = (x_1 - 50)^2 + (x_2 - 50)^2 \qquad (5-26)$$

各参数见表 5-3。

表5-3　　　　　　　　　　算 法 参 数 设 置 表

参数	值
种群数量	10 个
迭代次数	1000 次
预警值	0.6
发现者比例	0.7
侦察者比例	0.2

SSA 算法与 ISSA 算法收敛对比如图 5-4 所示。

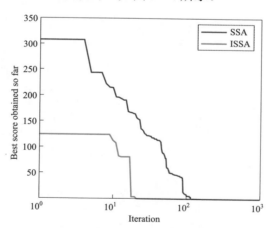

图5-4　SSA 算法与 ISSA 算法收敛对比

由于初始种群由 SPM 模型产生，其分布更加均匀，使 ISSA 算法在迭代初期较 SSA 算法能够获得更理想的解；同时 ISSA 拥有更好的跳跃搜索能力以及更广的搜索范围，从而在迭代中、后期较 SSA 算法能够更快地逼近全局最优解。

5.2.3　基于 ISSA-LSTM 顶层油温预测模型

将多层 LSTM 神经网络进行堆叠连接可以提高网络允许的复杂性以及网络

学习能力，从而提高模型预测能力，而过多的层数会导致训练结果收敛困难，故模型中网络层数一般不超过三层，选取两层 LSTM 神经网络连接作为模型的隐藏层。在得到隐藏层的输入后，输出层中先使用全连接层对训练得到的结果进行降维处理，再经过激活函数及反归一化处理得到预测结果。然而，LSTM 神经网络的结构以及预测精度很大程度上取决于网络中的超参数，根据训练结果盲目地对超参数进行调整不仅费时耗力，其结果也无法保证最优。

由于 ISSA 设计简单、收敛速度快，并且克服了易陷入局部最优与趋于原点的缺点，通过引入 ISSA 算法，以两层 LSTM 神经网络层的节点、学习率以及最大训练迭代次数为变量，以最小化适应度值为目标，对双层 LSTM 神经网络预测模型进行优化，适应度函数 f 可定义为预测值与真实值的百分比误差，见式（5-27）：

$$f = \left[\sum_{i=1}^{Num} (|\hat{y}_i - y_i| / y_i) \right] \Big/ Num \qquad （5-27）$$

式中：Num 为数据集数量；$\hat{y}_i$ 为第 i 数据的预测值；y_i 为第 i 个数据的真实值。

通过不断更新种群位置，得到能够最小化训练误差的双层 LSTM 预测模型的超参数，从而提高模型的预测能力。ISSA-LSTM 混合模型框架如图 5-5 所示。

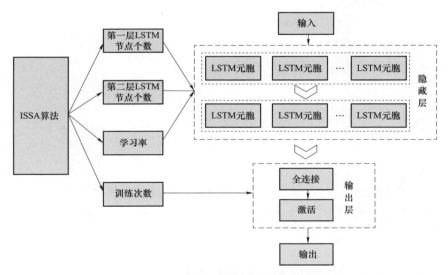

图 5-5   ISSA-LSTM 预测模型框架

ISSA-LSTM 预测模型的算法流程如下：

步骤1：将数据划分为训练数据与测试数据。

步骤2：初始化 ISSA 算法参数，如麻雀种群数量 m、麻雀位置位数 n、发现者比例 PD、侦察者比例 SD、最大迭代次数 N 以及警戒阈值 ST 等。

步骤3：采用一维复合混沌映射模型 SPM 根据式（5-18）生成麻雀初始种群的位置，其中麻雀的位置分别表征 LSTM 神经网络中的节点数、学习率与训练次数。

步骤4：将麻雀位置表征的超参数代入 LSTM 神经网络，结合归一化处理后的训练数据对模型进行训练，以网络输出的预测值和真实值的均方差为适应度函数，计算每只麻雀的适应度值并排序。

步骤5：根据适应度值与发现者比例确定发现者，根据式（5-19）与式（5-20）更新发现者位置。

步骤6：其余麻雀为跟随者，根据式（5-21）更新跟随者位置。

步骤7：根据侦察者比例从整个种群中选取侦察者，根据式（5-22）更新侦察者位置。

步骤8：参考反向学习策略，根据式（5-25）更新处于最优位置麻雀的位置。

步骤9：判断是否达到结束迭代要求。若是，计算各麻雀的适应度值并排序，输出处于最优位置麻雀的位置所表征的超参数，并进行下一步，否则返回步骤4。

步骤10：结合步骤9输出的超参数与训练数据训练模型，输入历史数据得到预测结果，结束。

5.2.4 基于同步挤压小波变换的数据降噪

现实世界中的时间序列数据或信号经常有缓慢变化的趋势或由外因造成的瞬态振荡，若想对数据或信号进行更深层次的分析，常用的方法是借助信号分解工具将信号按一定规则进行分解，对分解后的各分量进行逐个分析。一般工程问题中，常用傅里叶变换对数据信号进行分析，但是它并不能有效兼顾噪声消除与信号边缘保护，也无法有效分析数据信号的突变，这是因为傅里叶变换只能将信号分解为若干个未在时间上或空间上定位的正弦信号，而正弦信号是持续振荡的。因此，如果要对数据信号的突变进行深层次分析，需要另一种可以在时间和频率上对信号都能很好定位的方法，即小波变换。

小波通常是指快速衰减的波。与振荡区间扩展到无穷大不同，小波通常存在有限的持续时间，且存在不同的大小和形状，一些知名的小波包括 Morlet 小波、Daubechies 小波以及 Coiflets 小波等。

小波分析法的关键优势在于多种小波的可用性，以 Morlet 小波为例，其基函数表达式与其傅里叶变换表达式为：

$$\psi(t)=\exp\left(i\omega_0 t\right)\exp\left(-\frac{t^2}{2}\right) \tag{5-28}$$

$$\widehat{\psi}(t)=\sqrt{2\pi}\exp\left[-\frac{(\omega-\omega_0)^2}{2}\right] \tag{5-29}$$

式中：ω_0 为中心频率。

由基函数表达式（5-28）可见，Morlet 小波由一个衰减的指函数与复三角函数构成；从 Morlet 小波的傅里叶变换表达式（5-29）可见，其复三角函数部分可以辨认频率，而其衰减的指函数可以对信号在时域层面进行限定，以保证其时域的有限性。

因此，通过连续小波变换（continue wavelet transform，CWT）先选定一个中心频率，之后利用尺度变换得到一系列的中心频率，再利用在时域上的不断平移得到一系列的不同区间的基函数，将该系列基函数分别和原始信号的某一段一一对应，进行乘积并积分，所得到的极值对应的频率即为该原始信号在该段的频率。

小波降噪的过程为，先利用上述方法对原始信号进行小波分解，得到各高频分量与低频分量，通过对高频分量进行阈值处理以达到滤波效果，用滤波后的信号进行小波重构，以达到小波降噪的目的。

虽然小波变换的降噪效果优于传统降噪方法，但其时频谱中在频率方向出现的能量发散现象会影响降噪的效果。Daubechies 等人以小波变换的方法为基础，参考 EMD 与再分配理论的思想，通过挤压中心频率附近的小波系数以达到清晰化时频曲线、精确提取信号分量的目的。同步挤压小波变换（synchrosqueezing wavelet transform，SWT）已经在谐波检测、地震信号检测以及油气检测等领域得到广泛应用。该方案采用 SWT 对顶层油温数据曲线中的高频噪声进行提取并消除。

SWT 算法的主要思想为将瞬时频率相同的小波系数累加得到 SWT 系数，目

的是精确分离信号 $f(t)$ 的各频率信号 $f_k(t)$。原始信号 $f(t)$ 可以表达为多频率谐波累加的形式：

$$f(t)=\sum_{k=1}^{n}f_k(t)=\sum_{k=1}^{n}A_k(t)\mathrm{e}^{-\lambda t}\cos(2\pi\omega_k t+\varphi_k) \qquad (5-30)$$

式中：$A_k(t)$、ω_k 与 φ_k 分别为原始信号中第 k 个谐波的分量的振荡幅值、振荡角频率与振荡初始相位；λ 为衰减系数。

$$\hat{\psi}(t)=\sqrt{2\pi}\exp\left[-\frac{(\omega-\omega_0)^2}{2}\right] \qquad (5-31)$$

对原始信号 $f(t)$ 进行 CWT 可得小波系数 $W_f(a,b)$，其计算式为：

$$W_f(a,b)=\frac{1}{\sqrt{a}}\int_{-\infty}^{+\infty}f(t)\psi^*\left(\frac{t-b}{a}\right)\mathrm{d}t \qquad (5-32)$$

式中：a、b 分别为尺度因子与平移因子；ψ^* 为小波函数的共轭。

将式（5-32）变换到频域下的表达式：

$$W_f(a,b)=\frac{1}{2\pi\sqrt{a}}\int F(\xi)\phi^*(a\xi)\mathrm{e}^{jb\xi}\mathrm{d}\xi \qquad (5-33)$$

式中：ξ 为频率；F 与 ϕ^* 分别为 f 与 ψ^* 的傅里叶变换。

对尺度离散化，可得关于尺度与时间的离散化平面 (a_i,t_m)，其中：

$$a_i=2^{i/n_v}\Delta t \quad i=1,2,\cdots,Ln_v \qquad (5-34)$$

式中：n_v 为尺度个数；t_m 与 Δt 分别为采样间隔点与采样时间间隔；L 为最大尺度。

则原始信号 $f(t)$ 的长度为 $2^{(L+1)}$。

假设原始信号 $f(t)=A\cos(\omega t)$，则有：

$$F(\xi)=\pi A[\delta(\xi-\omega)+\delta(\xi+\omega)] \qquad (5-35)$$

则 CWT 在频域的表达式为：

$$W_f(a,b)=\frac{A}{2\sqrt{a}}\int[\delta(\xi-\omega)+\delta(\xi+\omega)]\phi^*(a\omega)\mathrm{e}^{jb\xi}=\frac{A}{2\sqrt{a}}\phi^*(a\omega)\mathrm{e}^{jb\omega} \qquad (5-36)$$

因 ξ 主要分布在固有频率 ω_0 处，故小波系数 $W_f(a,b)$ 主要分布在尺度 $a=\omega_0/\omega$ 处，故原始信号 $f(t)$ 在经传统小波变换后，其能量固有频率周围发生泄漏，从而导致信号频率信息在时频图中的频带较宽且分辨率低。

首先对小波系数求导近似得到瞬时频率：

$$\omega_f(a,b) = \begin{cases} -\dfrac{j\partial_a W_f(a,b)}{W_f(a,b)}, & W_f(a,b) \neq 0 \\[2mm] \infty, & W_f(a,b) = 0 \end{cases} \qquad (5-37)$$

然后将关于时间与尺度的平面 $[b,a]$ 转化为关于时间与频率的平面 $[b,\omega_f(a,b)]$，进而通过再分配理论将固有频率周围的能量重新排列。

取 $n_a = Ln_v$，$\Delta\omega = \dfrac{1}{n_a-1}\log_2\left(\dfrac{n}{2}\right)$，$\omega_0 = \dfrac{1}{n\Delta t}$，令 $\omega_l = 2^{l\Delta\omega}\omega_0$，其中 $l = 0,1,\cdots,n_a-1$。以 $\Delta\omega_i = \left(\dfrac{\omega_{l-1}+\omega_l}{2}, \dfrac{\omega_l+\omega_{l+1}}{2}\right)$ 将原始信号 $f(t)$ 在时域上所处的各区间划分为不同频率区间，并以阈值 $\gamma = \dfrac{\sqrt{2\log n} \times \text{mediam}[W_f(a,b)]}{0.675}$ 对小波系数做同步挤压变换，其中 median 为中值函数。

在 ω_l 上的 SWT 值为：

$$T_l(\omega_l,b) = \sum_{\substack{|W_f(a,b)|>\gamma}}^{a_i\{|\omega_f(a,b)-\omega_l|\le\Delta\omega/2} W_f(a,b)a_i^{3/2}(\Delta a)_i \qquad (5-38)$$

式中：$(\Delta a)_i = a_i - a_{i-1}$。

SWT 为：

$$\begin{aligned} f(t) &= \text{Re}\left\{C_\psi^{-1}\left[\int_0^{+\infty} W_f(a,b)a^{-3/2}\mathrm{d}a\right]\right\} \\ &= \text{Re}\left[C_\psi^{-1}\sum_i W_f(a,b)a_i^{-3/2}(\Delta a)_i\right] \qquad (5-39) \\ &= \text{Re}\left[C_\psi^{-1}\sum_i T_l(\omega_l,b)(\Delta\omega)\right] \end{aligned}$$

式中：$C_\psi^{-1} = \int_0^{+\infty}\dfrac{\psi^*(\xi)}{\xi}\mathrm{d}\xi$；Re 为取实函数；$a_i$ 为离散尺度；i 为尺度个数。通过反变换可实现去掉部分频率信号后原始信号的还原。

根据文献资料所述结论，SWT 中由式（5-37）所得的瞬时频率能以较高的精度逼近实际瞬时频率，且经 SWT 重构的分量能以较高精度逼近实际原始信号 $f(t)$ 的分量信号。式（5-39）表面经 SWT 高精度提取原始信号中的各分量信号后去除高频噪声信号，可对原始信号进行重构并保证原始信号的完整性。

5.3 实 例 分 析

近年来，LSTM 神经网络在短时时间序列预测问题方面广泛关注，但由于该方法为深度学习方法，通常面临着众多超参数的影响。而众所周知，关于深度学习超参数的设置并没有明确的指导方针，大多采用经验方法，比如学习率、神经元个数等，迭代次数根据 loss 曲线的变化等进行设置，这种方法简单而言就是无限尝试，找到效果比较好的一组，耗时耗力。为此，采用 ISSA 对 LSTM 进行参数优化，同时采用 SWT 对原始数据进行滤波降噪，并采用降噪后的数据进行建模，最后用实例验证表明，SWT-ISSA-LSTM 模型的预测效果更佳。

5.3.1　示例一

在本小节中，采用 ISSA-LSTM 模型进行顶层油温的时间序列预测。以湖南省某地区某油浸式变压器 2021 年 7 月 26 日至 2021 年 10 月 20 日顶层油温数据为例，以 80%为训练集，以 20%为测试集。本例主要用于验证 ISSA-LSTM 顶层油温预测模型的预测精度优于 LSTM 模型与 SSA-LSTM 模型。

由于不可抗因素的影响，在顶层油温数据收集过程中，出现了部分日期数据缺失的问题，而数据缺乏连贯性会严重影响模型的训练效率与训练后模型的精确性，故人为地将上述数据分为五部分，分别进行试验验证。

因变压器常设在室外，周围的环境错综复杂，在数据收集的过程中难免会受到环境噪声的影响，故使得原始数据各波峰、波谷存在大量的毛刺，这必将影响数据的预测精度。因此，为更好地实现建模，采用基于 SWT 的降噪方法对该信号进行降噪处理，然后基于降噪后的信号进行时间序列预测分析。

对现场实时采集的配电变压器顶层油温数据进行降噪，五个不同时间段的数据降噪前后的曲线对比如图 5-6～图 5-10 所示。

由图 5-6～图 5-10 可见，基于 SWT 的降噪算法使得数据中的毛刺减少，更有利于顶层油温预测模型的训练。

对以上五组数据，分别以 80%为训练集用于模型训练，20%为测算集用于测试。以上五组的单点预测结果如图 5-11～图 5-15 所示。

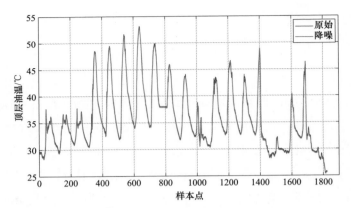

图 5-6　数据集一降噪前后曲线对比图

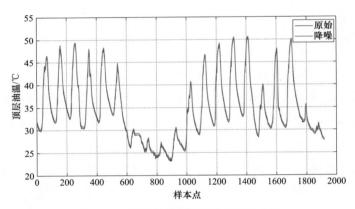

图 5-7　数据集二降噪前后曲线对比图

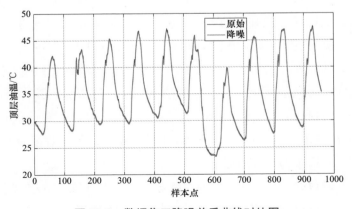

图 5-8　数据集三降噪前后曲线对比图

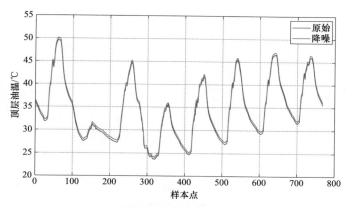

图 5-9　数据集四降噪前后曲线对比图

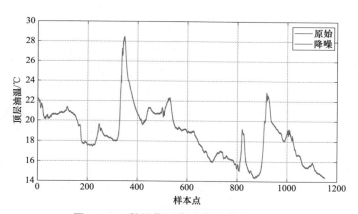

图 5-10　数据集五降噪前后曲线对比图

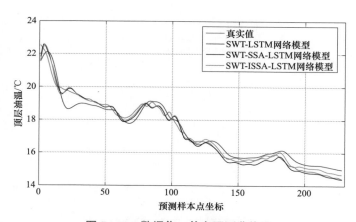

图 5-11　数据集一单点预测曲线图

117

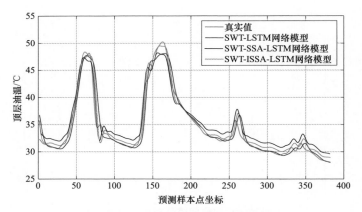

图 5-12　数据集二单点预测曲线图

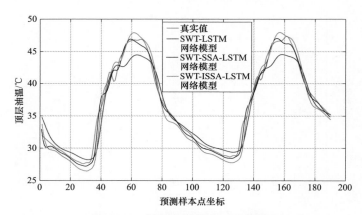

图 5-13　数据集三单点预测曲线图

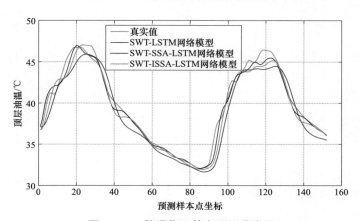

图 5-14　数据集四单点预测曲线图

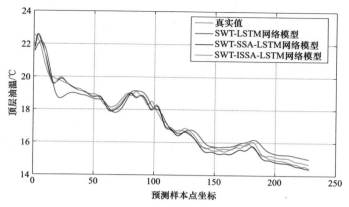

图 5-15　数据集五单点预测曲线图

从五组数据的测试集单点预测曲线与真实值曲线比较可知，未经优化算法优化参数的 LSTM 预测模型的预测曲线明显与真实值贴合度较低。而仅从曲线上无法直观地观察出 SSA-LSTM 模型与 ISSA-LSTM 模型的预测效果孰好孰坏，故除式（4-39）与式（4-40）外，引入另外两个指标用以评价预测效果如式（5-40）和式（5-41）所示。

$$\mathrm{MAPE} = \frac{100\%}{Num_{\mathrm{Test}}} \sum_{i=1}^{Num_{\mathrm{Test}}} \frac{|y_i - \hat{y}_i|}{y_i} \quad (5-40)$$

$$R^2 = 1 - \frac{\sum_{i=0}^{Num_{\mathrm{Test}}-1}(y_i - \hat{y}_i)^2}{\sum_{i=0}^{Num_{\mathrm{Test}}-1}(y_i - \overline{y}_i)^2} \quad (5-41)$$

式中：$\overline{y}_i$ 为数据样本平均值。

为量化对比 SSA-LSTM 预测模型与 ISSA-LSTM 预测模型，上述预测模型的预测指标表见表 5-4～表 5-8。其中，RMSE、MAE 和 MAPE 指标用以量化预测误差，R^2 用以量化预测曲线与真实曲线的拟合程度。

表 5-4　　　　　　　　　　数据集一各算法各预测指标表

指标	SWT-LSTM	SWT-SSA-LSTM	SWT-ISSA-LSTM
RMSE	0.41801	0.20179	0.20179
MAE	0.34972	0.16084	0.16692
MAPE/%	2.0314	0.91912	0.95887
R^2	0.96457	0.9903	0.99275

表 5－5   数据集二各算法各预测指标表

指标	SWT-LSTM	SWT-SSA-LSTM	SWT-ISSA-LSTM
RMSE	1.5242	1.4516	1.1401
MAE	0.84262	1.3014	0.79282
MAPE/%	2.2961	3.9251	2.29
R^2	0.93177	0.96553	0.96553

表 5－6   数据集三各算法各预测指标表

指标	SWT-LSTM	SWT-SSA-LSTM	SWT-ISSA-LSTM
RMSE	1.5259	1.197	0.75279
MAE	1.1823	0.96534	0.50852
MAPE/%	3.105	2.7605	1.3983
R^2	0.95752	0.96593	0.98875

表 5－7   数据集四各算法各预测指标表

指标	SWTLSTM	SWT-SSA-LSTM	SWT-ISSA-LSTM
RMSE	1.3354	0.89969	0.6613
MAE	1.0541	0.6291	0.45506
MAPE/%	2.5981	1.5288	1.105
R^2	0.95091	0.97483	0.98501

表 5－8   数据集五各算法各预测指标表

指标	SWT-LSTM	SWT-SSA-LSTM	SWT-ISSA-LSTM
RMSE	0.41801	0.21095	0.20179
MAE	0.34972	0.16692	0.16084
MAPE/%	2.0314	0.95887	0.91912
R^2	0.96457	0.99	0.99275

从上述表格中的量化指标可见，ISSA-LSTM 在预测误差与预测拟合度上要好于其他两个模型。这证明了 ISSA 算法对于优化 LSTM 模型超参数的有效性。

5.3.2 示例二

为验证 ISSA-LSTM 顶层油温预测模型的普适性，以江西省某地区某变压器 2019 年 10 月 7～31 日顶层油温数据为例，利用所提 ISSA-LSTM 模型预测变压器顶层油温，并与 LSTM 模型与 SSA-LSTM 模型进行对比。除此之外，将

ISSA-LSTM 预测模型与现有的其他变压器顶层油温模型进行对比以验证该模型的科学性。

本例实验先采用双层传统 LSTM 模型对测试集顶层油温进行预测，调参的具体方法为不断调整某一超参数而固定其他超参数，当预测误差最小时固定该超参数而调整下一超参数，不断重复该过程直到所有超参数调整完毕。之后分别用 SSA 算法与 ISSA 算法对双层 LSTM 模型的超参数进行优化，得到各算法认为最优的超参数，见表 5－9。显然，ISSA 算法与传统 SSA 算法所认为的使得模型误差最小的超参数不同，则 SSA-LSTM 模型与 ISSA-LSTM 模型的预测效果必然不同。

表 5－9　　　　　SSA-LSTM 模型与 ISSA-LSTM 模型超参数优化表

超参数	SSA-LSTM	ISSA-LSTM
第一层 LSTM 节点数	100	18
第二册 LSTM 节点数	46	56
训练次数	46	45
学习率	0.0077	0.0094

SSA 算法与 ISSA 算法对模型超参数的优化过程如图 5－16 与图 5－17 所示，由此可见，两算法对模型超参数的优化过程有较大差别，故而其预测结果也不一样。

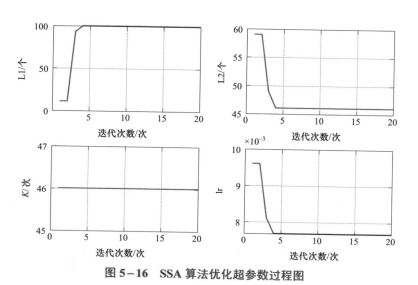

图 5－16　SSA 算法优化超参数过程图

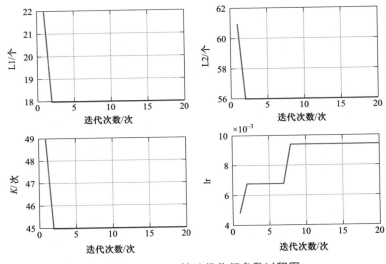

图 5－17　ISSA 算法优化超参数过程图

　　三种模型对测试集的预测曲线如图 5－18 所示，由此可见，SWT-LSTM 的预测曲线在一些时间段与真实曲线的拟合效果较差，SWT-SSA-LSTM 模型与 SWT-ISSA-LSTM 混合模型的预测曲线与实际顶层油温曲线的拟合度更高。各模型的预测逐点误差曲线如图 5－19 所示，显然 SWT-ISSA-LSTM 模型整体上在各点的预测误差都较小。

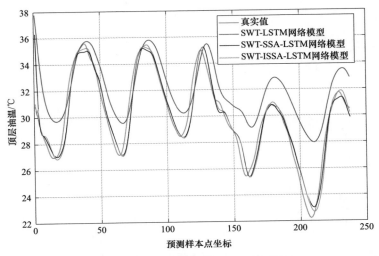

图 5－18　SSA 相关各算法预测曲线图

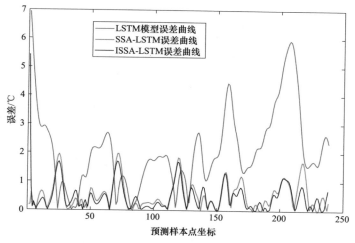

图 5-19　SSA 相关各算法预测误差曲线图

预测指标计算结果见表 5-10，SWT-ISSA-LSTM 模型具有最小的 RMSE、MAE 与 MAPE 值以及最接近 1 的 R^2 值，这表明该模型整体预测精度也是最高的。

表 5-10 　　　　LSTM 模型、SSA-LSTM 模型与
ISSA-LSTM 模型预测指标表

指标	LSTM	SSA-LSTM	ISSA-LSTM
RMSE	2.5305	0.73414	0.72987
MAE	2.115	0.5523	0.49026
MAPE/%	7.5297	1.9013	1.6721
R^2	0.77418	0.94378	0.94954

　　为防止变压器因温度越限而造成的损失，工程实际中需要将误差控制在可允许的范围内，参考 95% 置信区间原则，画出测试集中真实顶层油温的 95% 置信区域，如图 5-20 所示。由此可见，LSTM 模型与 SSA-LSTM 模型的部分预测曲线游离于置信区域外，而 ISSA-LSTM 混合预测模型的预测曲线完全处于置信区域内，这体现了所提 ISSA-LSTM 混合模型具有更好的工程实际意义。

　　选取 EEMD-LSTM 模型与 PSO-LSTM 模型和 ISSA-LSTM 模型进行比较。其中，EEMD-LSTM 模型是先利用集合经验模态分解（ensemble empirical mode decomposition，EEMD）算法对原始信号进行分解，分别进行预测后再整合得到

最终预测值；PSO-LSTM 模型是利用 PSO 算法对 LSTM 模型中的步长等超参数先优化后再进行预测。

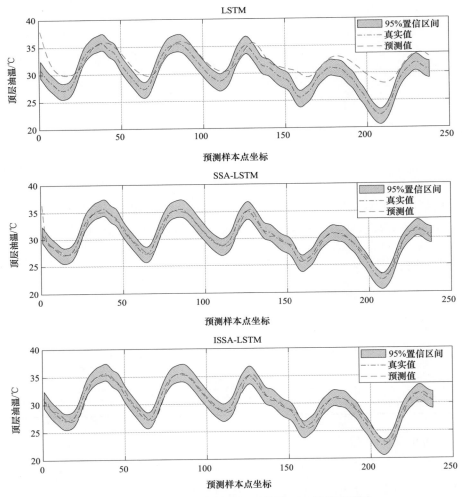

图 5-20　SSA 相关各算法预测曲线 95% 置信区间图

ISSA-LSTM 与以上两种模型的预测曲线如图 5-21 所示，由此可见，PSO-LSTM 模型的预测曲线的波峰值与波谷值与真实值接近，但存在预测延迟的问题；EEMD-LSTM 模型的预测曲线虽然克服了预测延迟的问题，但在预测精度上仍有缺陷。

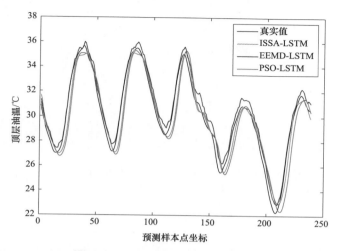

图 5-21　ISSA 模型、PSO-LSTM 模型和 ISSA-LSTM 模型预测曲线

表 5-11 中的指标可进一步表现所提 ISSA-LSTM 预测模型的优越性。

表 5-11　　　　　　　　EEMD 模型、PSO-LSTM 模型和
ISSA-LSTM 模型预测指标表

指标	EEMD-LSTM	PSO-LSTM	ISSA-LSTM
RMSE	0.7273	0.922	0.72987
MAE	0.7033	0.7169	0.49026
MAPE/%	2.35	2.51	1.6721
R^2	0.9491	0.9383	0.94954

配电变压器过载过温应急处置与防损毁技术应用策略研究

6.1 配电变压器预警等级设置及可允许时长评估

顶层油温代表着油浸式变压器的运行状态，同时影响着变压器运行寿命和带负载能力。油温过高会严重影响变压器的使用寿命，如果变压器长时间在温度很高的情况下运行，会缩短内部绝缘纸板的寿命，使绝缘纸板变脆，容易发生破裂，从而失去应有的绝缘作用，造成击穿等事故；还会使绕组绝缘严重老化，并加速绝缘油的劣化，从而影响使用寿命。所以能避免变压器在高温下运行就尽量避免，实在不行，时间也不宜太长。大多数变压器寿命终结是由于其绝缘能力降低或完全丧失，而绕组热点温度是与绝缘能力相关的一项重要指标，所以绝缘材料能容忍最高温度的时间就是变压器的服役时间。绕组的绝缘能力与热点温度息息相关，两者之间隐含着"6度法则"。遵循 GB/T 1094.7—2008《电力变压器 第7部分：油浸式电力变压器负载导则》制造的变压器，在标定98℃工作时，其运行时间是正常使用寿命，老化率是 1。"6度法则"是指当变压器绕组绝缘温度在 80~140℃时，以 6℃为一个度量区间，温度每升高一个度量，材料的绝缘老化率就增加一倍，使用寿命减为原来的一半；相反，温度每降低一个度量，老化率减半，使用寿命增加一倍。因此，监测绕组热点温度能够预估变压器寿命，当温度过高时，采取措施来降低温度以延长寿命或及时更换使用寿命到期的变压器，这在保障电网安全、避免经济损失、防止灾祸发生等方面具有重要意义。而变压器顶层油温与绕组温度存在一定的函数关系，故可以用顶层油温来表征变压器的运行状态，也可以根据预测的配电变压器顶层油温值来对配电变压器的运行风险进行预警。

6.1.1　配电变压器预警等级设置

根据基于相似时刻与 K-means 和 NLSF 的配电变压器顶层油温实时测算方法获取大量配电变压器顶层油温历史数据后，再结合 ISSA-LSTM 模型对配电变压器顶层油温值进行短期预测，根据所预测的配电变压器顶层油温值对配电变压器未来可能发生的运行风险进行预警。

根据 GB/T 1094.7—2008《电力变压器　第 7 部分：油浸式电力变压器负载导则》，变压器顶层油温一般调整在 85℃，如果超过 85℃，要分析其原因：① 如果是因为环境温度过高，负荷过重等慢慢上升，可以超过 85℃继续运行，但最高不能超过 95℃（这时变压器中心铁芯或绕组是 105℃，会严重损坏绝缘、缩短使用寿命或烧毁变压器）；② 变压器超过 85℃运行时，变压器顶部油温与环境温差不能超过 55℃，如果超过，可能是由于严重超负荷、电压过低、电流过大、内部有故障等，继续运行会严重损坏绝缘、缩短使用寿命或烧毁变压器。

基于 GB/T 1094.7—2008《电力变压器　第 7 部分：油浸式电力变压器负载导则》设定的预警等级见表 6-1。

表 6-1　　　　　　　　基于国家标准准则的变压器预警等级表

预警等级	预警条件
无	顶层油温预测值小于 85℃，负载负荷正常
三级	85℃<顶层油温预测值<95℃，负载负荷正常，顶层油温预测值与相应时刻环境温差小于 55℃
二级	85℃<顶层油温预测值<95℃，负载负荷过重，或顶层油温与相应时刻环境温差大于 55℃
一级	顶层油温预测值大于 95℃

表 6-1 仅仅是依据 GB/T 1094.7—2008《电力变压器　第 7 部分：油浸式电力变压器负载导则》所制定的较为基础的预警等级表，不难发现其所考虑的因素仅仅是变压器顶层油温与环境温度的两部分，而忽略了每一台变压器自身存在的各方面情况的特殊性。

例如，处于重载情况下和轻载情况下且油温相近的两台变压器，显然处于重载情况下的变压器存在的运行风险较高，应当给予较高的预警等级，而按表 6-1 的判别方法这两台变压器所处的风险等级是一样的，显然这是不合适的。再如，一台年久失修的变压器和一台崭新刚投入使用的变压器油温相同时，两者的预警等级也不应相同。

根据上述分析，在表 6-1 所列预警等级的基础，考虑变压器的带负荷情况、油温越限情况以及投入使用年限情况等，制定改进后的判别方法。

（1）初步预警等级判断，主要依据为负荷情况与顶层油温，具体准则见表 6-2。

表 6-2　　　　　　　　　改进变压器初步预警等级判断表

初步预警等级	预警条件
五级（无）	预测未来 6h 的顶层油温最大值小于 85℃，且负载率预测值小于 80%
四级	预测未来 6h 的顶层油温 85℃＜最大值＜95℃，且负载率预测值小于 80%，即未构成重过载
三级	预测未来 6h 的顶层油温 85℃＜最大值＜95℃，且 80%＜负载率预测值＜100%，即构成重载
二级	预测未来 6h 的顶层油温最大值大于 95℃，或负载率预测值大于 100%，即构成过载

（2）二次预警等级判断，主要依据为 6h 预测顶层油温中越限次数与初步预警等级，具体准则见表 6-3。

表 6-3　　　　　　　　　改进变压器二次预警等级判断表

二次预警等级	预警条件
五级（无）	初步预警结果等级为五级，或二次预警等级大于五级
初次预警等级 +2	未来 6h 顶层油温大于 85℃的次数为 1
初次预警等级	1＜未来 6h 顶层油温大于 85℃的次数＜5
初次预警等级 −1	未来 6h 顶层油温大于 85℃的次数大于 5

（3）三次预警等级判断，主要依据为二次预警等级与变压器投运年限，具体准则见表 6-4。

表6-4　　　　　　　　　改进变压器三次预警等级判断表

三次预警等级	预警条件
五级（无）	二次预警等级为五级或三级预警等级大于五级
二次预警等级＋1	变压器投运年限小于5年
二次预警等级	5年≤变压器投运年限＜10年
二次预警等级－1	变压器投运年限大于10年
特级	三次预警等级小于1

至此，三次预警等级即为改进后的变压器预警等级。

油浸式配电变压器按如下算法步骤进行运行风险评估。

步骤1：考虑配电变压器负荷情况与顶层油温预测最大值完成初步预警等级判断。

步骤2：考虑6h预测顶层油温中越限次数与初步预警等级，完成二次预警等级判断。

步骤3：考虑二次预警等级与变压器投运年限，完成三次预警等级判断。

图6-1所示为油浸式配电变压器预警模型算法运行流程。

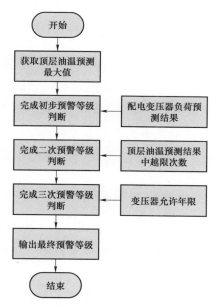

图6-1　油浸式配电变压器预警模型算法运行流程图

6.1.2 配电变压器可运行时长评估

参照变压器运行相关准则，结合变压器的运行等级，在何种等级下变压器能以何种状态运行多长时间可参考表 6-5。一般认为油浸式配电变压器在某一预警等级下，若不超过表 6-5 所列的运行时长，则不会有运行事故发生。

表 6-5　　　　　　　变压器可运行时长参考表

预警等级	带负载情况			
	轻载	重载	过载不超过 20%	过载超过 20%
五级（无）	∞	∞	∞	∞
四级	∞	24h	24h	10h
三级	24h	13h	5h	3h
二级	19h	6h	3h	1h 45min
一级	7h	2h 45min	1h	50min
特级	0	0	0	0

6.2　配电台区重过载特征分析

在配电网大数据平台中，选取湖南省范围内 20 个典型易重过载台区，统计其从 2022 年 3 月 22 日～9 月 4 日的重过载数据，包括过载最大/最小负载率、重过载时间段、重过载次数等统计维度，基于此对这 20 台典型台区进行重过载特征分析，并根据不同台区所具备的不同重过载特征，给予相应的治理对策，以此为例提供一种配电台区重过载特征分析与治理对策制定的参考思路。

6.2.1 重过载台区数量随日期变化统计

考虑数据只涉及 2022 年 3 月 22 日～9 月 4 日，故本小节只涉及统计日、月的重过载台区数量曲线。由统计曲线可明显观察到一年内配电台区所处时间对其重过载次数的影响。

以日期变化为横坐标，以重过载台区数量（去重）为纵坐标，按日统计的重过载配电台区数量曲线如图 6-2 所示。

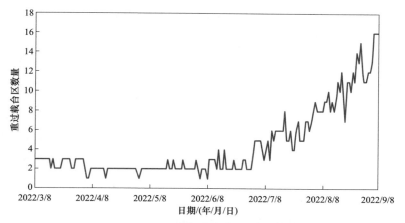

图 6-2　按日统计的重过载配电台区数量曲线图

由图 6-2 可见，在 2022 年 3~7 月，20 个典型重过载台区每日的重过载次数基本维持在 5 台以内；而在 2022 年 7 月之后，该数字呈稳定上升趋势，并在 2022 年 9 月达到最高（单日有 16 台重过载），并有继续上升的趋势。

以月份变化为横坐标，以重过载台区数量（每日数量月累加和）为纵坐标，按月统计的重过载配电台区数量曲线如图 6-3 所示。

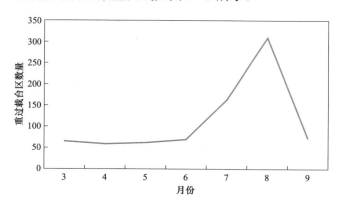

图 6-3　按月统计的重过载配电台区数量曲线图

由图 6-3 可见，在 2022 年 7 月之前，即春季阶段，20 个典型重过载台区每月的重过载台区数量稳定在 60 台左右，处于配电网可以接受的范围内；而在 2022 年 7 月开始，即夏季阶段开始后，由于高温的影响，典型重过载台区每月的重过载台区数量开始逐步上升，且上升速度逐步变快，而在 2022 年 8 月重过载台区数量达到 330 台之多，2022 年 9 月重过载台区数量下降的原因是数据只统计到月初。

值得一提的是，该方法中对同一台区同一天内重复出现的重过载次数进行了去重处理，故该统计方法只适用于对地区每天/月台区重过载数量情况及其随时间变化情况进行宏观了解，从而使得对该地区重过载情况有一直接的认知。若重过载台区较多，说明该地区在某天/月内出现过大范围的重过载情况，任其发展下去有重过载现象在整个地区范围内集体爆发的隐患；若重过载台区不多，则进一步只需关注某台区反复出现重过载的情况即可，而不会出现地区大面积负荷过载的隐患风险。

6.2.2 台区重过载次数随日期变化统计

同 6.2.1，本小节只统计台区随日、月变化时重过载次数；与 6.2.1 中统计方法不同的是，本小节着重统计每日/月典型台区的重过载次数，包含同一台区同一天的重复重过载次数。

以日期变化为横坐标，以典型台区重过载次数为纵坐标，按日统计的典型台区重过载次数曲线如图 6-4 所示。

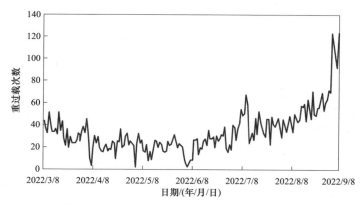

图 6-4 按日统计的典型台区重过载次数曲线

由图 6-4 可见，从所统计数据的整体来看，典型台区重过载次数在 2022 年 6 月之前变化较为频繁且无规律可循，多则一天重过载次数可达 30 次左右，少则重过载次数只有 3 次。在进入 2022 年 6 月之后，台区重过载次数的下限与上限均有一定程度的提升，且总体有逐步上升的趋势，但每日台区重过载次数的变化更为复杂，波动更加频繁且波动的幅度更大，这表明随着用电负荷的提高，会增加每日台区重过载次数的不确定性与随机性。

以月份变化为横坐标，以典型台区重过载次数为纵坐标，按月统计的典型台区重过载次数曲线如图6-5所示。

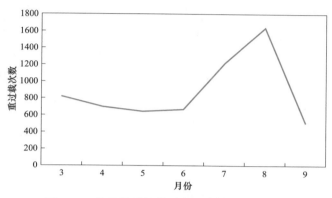

图6-5 按月统计的典型台区重过载次数曲线

由图6-5可见，典型台区重过载次数在2022年3~7月先出现了下降而后才随着夏季的到来出现攀升，这一现象是每日台区重过载次数不规律、随机性强特点累加的集中体现。与统计地区内重过载台区数量不同，统计台区重过载次数能直接反映该地区是否已经出现了重过载现象，但不一定构成隐患，需要立刻采取措施降低台区的重过载率，避免进一步事故发生。

通过对比图6-2与图6-5可以发现，在2022年4~6月，重过载台区数量呈上升趋势，而台区重过载次数却出现先下降后上升的现象。经过分析不难发现，这是因为在重过载台区中有个别台区的重过载次数持续较多，即重过载现象持续严重，而新增加的重过载台区的重过载次数较少，且有可能存在偶然的一次重过载，却仍被图6-2中统计为重过载台区数量，但这对整个重过载次数的提升不明显，故在2022年5月虽然重过载台区数量升高，但重过载现象严重的台区的重过载次数明显减少，这才导致图6-5中曲线出现先下降后上升的现象。

基于上述分析，不难得出以下结论：通过对比按月统计的重过载配电台区数量曲线图与按月统计的典型配电台区重过载次数曲线图，当两曲线在同一时间段存在不同变化趋势时，说明在重过载台区中存在个别台区的重过载现象较为严重的情况，需要进行进一步排查。

6.2.3　台区重过载累计时长随月份变化统计

　　按地区和设定周期，统计分析每个重过载台区的累计时长。在本小节中，统计 2022 年 3～9 月每个月 20 个典型台区的重载和过载累计持续时长，以便进一步评估该地区重过载现象的严重程度，并为分析该地区配电台区重过载现象严重程度的时间分布提供重要依据和经验，以便日后在以往重过载持续时间较长的月份到来之前提前做好相应准备与应对措施，从而减少重过载现象的发生以及减轻重过载现象带来的不良后果。

　　重过载累计持续时长在各月份分布曲线如图 6-6 所示。

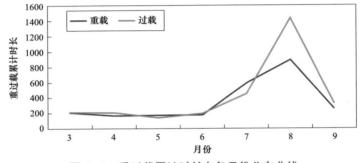

图 6-6　重过载累计时长在各月份分布曲线

　　由图 6-6 可知，在春季阶段，20 个典型台区的累计重过载持续时长维持在可接受的范围内；并通过对比图 6-5 可知，虽然典型配电台区在春季阶段的重过载次数较多，但其累计重过载持续时间相对来说较短，这说明在春季阶段虽然典型配电台区的重过载次数较多，但每次的重过载现象并不严重或都能得到快速的处理。而在进入夏季用电高峰期后，从图 6-6 中更能直观了解到在用电高峰期配电台区重过载现象的严重程度，重载累计持续时长是春季阶段的 3～4 倍，而过载累计持续时长是春季阶段的 7～8 倍；反观在图 6-5 中，夏季用电高峰期的重过载次数仅为春季阶段重过载次数的 2 倍左右，由此可见，图 6-5 和图 6-6 所呈现的春、夏两季配电台区重过载现象的严重程度是不同的，仅根据其中一图所得出的结论可能是不全面的。此外，这也说明在夏季阶段由于负荷激增，重过载现象更为严重，而且电力系统对该严重的重过载现象的处理程度大大降低。

　　由上述分析可知，仅仅分析配电台区重过载次数不足以对地区配电台区重过载现象的严重程度进行充分了解，而通过结合重过载累计时长，能够使得对地区配电台区重过载现象有更进一步的认知，即统计配电台区重过载累计时长与统计配电台区重过载次数互为补充，结合两者的统计结果可以对地区配电台区重过载现象有更全面、更深入的了解。

6.2.4 配电台区重过载持续时长数量分布

按地区和设定周期，统计分析每次重过载的持续时长数量分布。在本小节中，统计该20个典型台区在2022年3月8日~9月3日重过载持续30min的有多少台次、持续60min的有多少台次、持续90min的有多少台次、持续120min的有多少台次、……、持续时间最长的台次分布。通过统计配电台区重过载持续时长数量分布，可对地区配电台区重过载现象有进一步的宏观认知。若统计结果中重过载持续1h以内的台次分布较多，说明该地区配电网对配电台区的重过载现象有一定的容纳能力与调节能力，反之则说明需要立即采取措施以消除重过载现象带来的隐患。

需要说明的是，本下节统计图中的纵坐标为台次，即一个台区重/过载一次算作一台次，该台次重/过载持续的时间作为该台次的统计结果。

典型台区重过载持续时长台次分布直方图如图6-7所示。

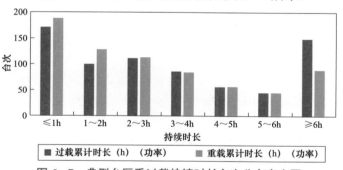

图6-7 典型台区重过载持续时长台次分布直方图

由图6-7可知，典型台区重过载持续时长台次分布整体呈"V"字形分布，即重过载持续时长分布在1h以内和6h以上的台次较多。这进一步说明了该地区台区重过载现象呈极端化分布，对于大部分配电台区的重过载现象，或是能被配电网自身消化处理的短时间重过载现象，或是配电网自己无法处理的严重重过载现象。这说明该地区中存在个别或一定数量的配电台区因所辖负荷过大或自身容量等问题不再适配于所辖地区，对典型配电台区重过载详情进行进一步分析显得尤为必要。

6.2.5 配电台区过载最大负载率台次分布

通过设定每次过载时的最大负载率范围，可以筛选过载台区数量和台次数，如 100%＜最大负载率≤120%的过载台区数量和过载台次数、120%＜最大负载率≤150%的过载台区数量和过载台次数、150%＜最大负载率≤200%的过载台区数量和过载台次数、最大负载率＞200%的过载台区数量和过载台次数。本小节统计与 6.2.2 和 6.2.3 所起到的效果类似，可实现对地区配电台区重过载现象整体情况的补充了解。

配电台区过载最大负载率台次分布直方图如图 6-8 所示。

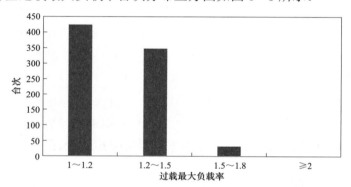

图 6-8　配电台区过载最大负载率台次分布直方图

由图 6-8 可知，在该地区典型配电台区发生的过载现象中，一半以上的过载现象中最大负载率处于 1～1.2，近一半的最大过载率处于较为严重的 1.2～1.5，而只有很少一部分过载现象中最大过载率超过 1.5，更没有最大负载率超过 2 的过载现象。

同样地，通过该统计可实现对地区配电台区过载现象整体情况的进一步了解。考虑到变压器不可避免地会出现过载现象，故从设计、出厂到应用于现场实际均采取了包括但不限于材料、结构以及环境等各方面因素的考虑与准备，结合该统计结果显示大部分过载现象处于 1.2 左右。虽然前述统计结果显示重过载台次较多、持续时间较长，但考虑到这两现象发生在夏季用电高峰期，结合最大负载率分布，仍可以认为该地区典型配电台区的重过载现象尚在可接受范围内，但的确有部分配电台区存在较为严重的重过载现象，表现为发生次数多、持续时间长以及最大过载率高，需要经过配电台区逐个单独分析以确定下一步治理策略。

6.2.6 重过载开始时间点统计

按一日 24h 计，以每小时为一个间隔，以重过载起始时间为基准，设定统计分析周期，统计每个间隔内出现的重过载台区次数。

需要特别说明的是，本小节统计的是重过载发生开始的时刻而非重过载持续的时间段或时长，这是为了基于对 20 个典型台区重过载现象的开始时刻的统计分析，推断在一天 24h 内重过载现象发生概率较高的时间段以供现场及调度人员参考，以便在夏季用电高峰等特殊时期在该时间段来临前做好相应准备，从而降低重过载现象发生的可能性或减轻其带来的后果。

20 个典型重过载台区在 2022 年 3 月 8 日～9 月 5 日的所有重过载发生的开始时间在一天 24h 的分布曲线如图 6-9 所示。从安全角度考虑，该时间均向前取整点统计，以便留足备用时间。

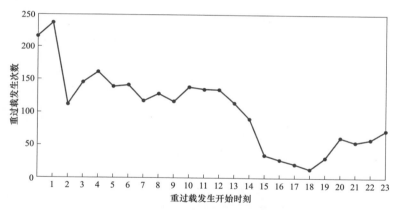

图 6-9 典型台区重过载发生时刻分布曲线图

由图 6-9 不难发现，典型台区重过载现象共有一大一小两个高峰。大高峰出现在深夜 12 时～凌晨 1 时，由此可推断应当是夏季用电高峰期晚上休息期间空调负荷急剧增加，而经过电力系统自我调整或人为调整，使得重过载现象在凌晨 2 时左右得以调整，但仍维持在一较高水平。从早晨 5 时开始，居民陆续出门上班，重过载现象得以缓解，而在中午时刻由于居民下班等情况的发生，重过载现象迎来小高峰，但在之后随着居民午休，负荷逐渐减少。而在下午 5 时～6 时，居民下班，办公场所、工厂等负荷大量减少，因此重过载现象得到最大程度的缓解，在曲线上也迎来低谷。随着夜晚的到来，又重复上述过程。

因此，设备所处现场工作人员与调度运维人员需重点关注深夜 12 时左右与中午 12 时左右配电台区的重过载现象。

6.2.7 各台区每月重过载次数统计

以上是对整个地区典型台区整体重过载情况的宏观统计。根据分析结果，从典型配电台区的综合统计情况看，该地区整体上存在重过载次数较多、持续时间较长且大多集中在夏季用电高峰期的重过载现象，但整体负载率不高，综合考虑认为该地区虽存在较为集中的配电台区重过载现象，但整体上尚处于可以接受的范围。

然而，统计结果也显示，该地区部分配电台区的重过载现象已极其严重，表现为重过载次数过多、重过载持续时间过长以及最大负载率过大等现象，这表明该类台区已不再适配于所辖地区。若要找出存在严重重过载现象的配电台区，需要对各台区的重过载具体情况进行统计。

在本小节中，将统计 20 个典型重过载台区各月份的重过载次数，其重过载次数随月份变化曲线如图 6－10 所示。通过观察分析可知，各典型台区重过载次数随月份变化曲线将上述台区细分为以下几类：

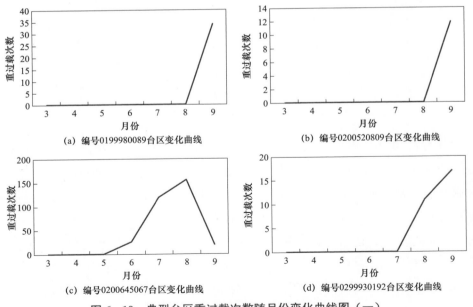

(a) 编号0199980089台区变化曲线　　　　　(b) 编号0200520809台区变化曲线

(c) 编号0200645067台区变化曲线　　　　　(d) 编号0299930192台区变化曲线

图 6－10　典型台区重过载次数随月份变化曲线图（一）

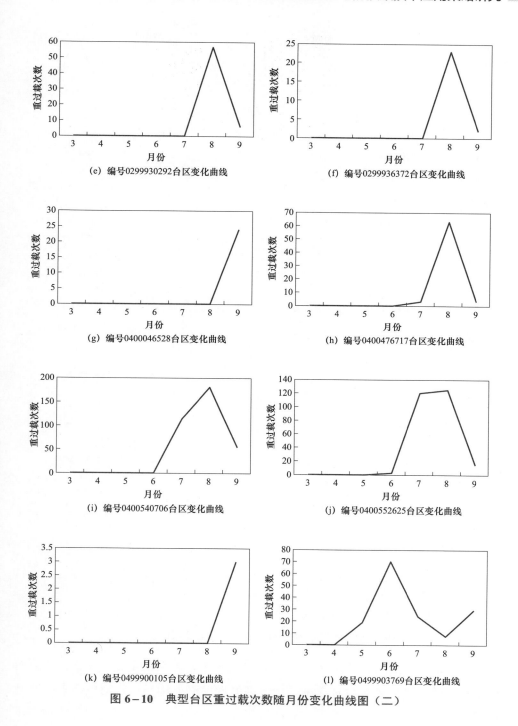

(e) 编号0299930292台区变化曲线

(f) 编号0299936372台区变化曲线

(g) 编号0400046528台区变化曲线

(h) 编号0400476717台区变化曲线

(i) 编号0400540706台区变化曲线

(j) 编号0400552625台区变化曲线

(k) 编号0499900105台区变化曲线

(l) 编号0499903769台区变化曲线

图 6-10　典型台区重过载次数随月份变化曲线图（二）

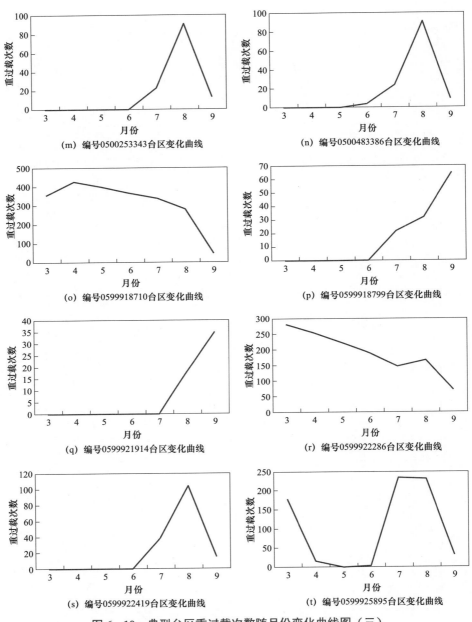

(m) 编号0500253343台区变化曲线

(n) 编号0500483386台区变化曲线

(o) 编号0599918710台区变化曲线

(p) 编号0599918799台区变化曲线

(q) 编号0599921914台区变化曲线

(r) 编号0599922286台区变化曲线

(s) 编号0599922419台区变化曲线

(t) 编号0599925895台区变化曲线

图6-10 典型台区重过载次数随月份变化曲线图（三）

（1）该类台区的表现为在夏季即6~7月份前，台区的重过载次数为0或较小个位数的，说明该类台区在夏季用电高峰期前尚能满足用户用电需求，并且在夏季用电高峰到来后，其重过载次数仍能保持在可接受范围内。考虑到变压器的偶尔重过载从设计生产上属可接受现象，故其额定容量足以向所辖范围内的用户可靠供电，后续只需持续对其负载率进行监测即可，当下并不需要采取措施。在图6-10中，该类台区包括（b）（d）（k）台区。

（2）该类台区在6～7月份即夏季用电高峰到来前，与第一类台区类似，其重过载次数并不明显；但与第一类台区不同的是，当进入夏季用电高峰期即7～8月份后，台区重过载次数开始明显增加且有不断上升的趋势，这说明该类台区容量能够满足正常状况下的日常负荷，但在诸如冬、夏季用电高峰等负荷激增状况下，其容量不能满足所辖区域内的日常负荷需求。对于该类台区，除了需要持续进行监测外，还需考虑立即采取措施降低其在用电高峰的负载率。在图6-10中，该类台区包括（a）（c）（e）～（j）（m）（n）（p）（q）（s）台区。由此不难发现，在典型重过载台区中，该类台区所占比例较高，而该类配电台区重过载情况也比较难以处理。考虑到日常情况下尚能满足用电负荷需求，直接进行扩容或更换设备会导致成本较高，故该类台区也是日后治理配电台区重过载现象的重点关注对象。

（3）该类台区在未进入夏季用电高峰期就已经出现了严重的重过载现象，且随着夏季用电高峰期的到来，虽然其他配电台区为其分担了部分负荷，从而使重过载现象得到了一定缓解，但其重过载情况仍处于较为严重的水平。在图6-10中，该类台区包括（l）（o）（r）（t）台区。显然，该类台区不仅在夏季用电高峰期重过载情况严重，在平常时刻也无法正常满足用户供电需求，所以该类重过载配电台区需在尽可能短的时间内采取措施以避免更为严重的事故发生。

6.2.8　配电台区重过载特征分析思路与步骤

6.2.1～6.2.7以湖南省某地区20台典型重过载台区为例，提供了一种地区配电台区重过载特征分析的一种思路，具体分析步骤如下：

（1）重过载现象整体分析。通过将所有配电台区的重过载数据进行整合归类并进行分析，从而对地区配电台区重过载情况有宏观了解，进而再决定是否进行耗时耗力的配电台区逐个排查统计。

步骤1：重过载台区数量随日期变化统计。该部分显示了在每日/每月中有多少台区发生过重过载现象，由于该步骤中不统计重复重过载的台区，即同一天中同一台区多次发生重过载也只统计一次，故该步骤是对地区配电台区重过载现象的初步判断。

步骤2：台区重过载次数随日期变化统计。该步骤与步骤1类似，不同的是该步骤对于同台区在同日/月内重复的重过载次数也统计在内，该步骤是步骤1统计结果的延伸。

步骤3：重过载持续时间随月份变化统计。该步骤统计各重过载现象在各月份所持续的累计时长。与步骤1和步骤2不同的是，该步骤拓展了评价重过载现象严重程度的维度，即累计时长。

步骤4：配电台区重过载持续时长数量分布。以上步骤是针对所有台区进行统计，该步骤以重过载持续时长为原则将台区区分开来，并进行统计。该步骤的思路与步骤1～步骤3不同的是，先按规则将配电台区分类，再根据其数量分布对地区配电台区重过载特征进行分析。

步骤5：配电台区过载最大负载率台次分布。该步骤思路与步骤1～步骤4类似，只是区分标准由重过载持续时长变为过载最大负载率，该步骤为步骤4的思路下的一种延伸。

步骤6：重过载开始时间点统计。该步骤统计的是配电台区每个重过载现象开始时刻在一天24h的分布情况。在该步骤开始时，已然确认该地区存在或轻或重的配电台区重过载现象，该步骤的目的在于推断在一天24h内重过载现象发生概率较高的时间段以供现场及调度人员参考，以便在夏季用电高峰等特殊时期在该时间段来临前做相应准备。

（2）重过载现象微观分析。在宏观上确认地区配电台区存在或轻或重的重过载现象后，需对每台配电台区进行深入分析。同时，制定该地区配电台区重过载治理策略要从单个配电台区入手，故微观分析同样可以作为日后制定相应治理措施的基础。

步骤7：各台区每月重过载次数统计。该步骤为统计各台区每月的重过载次数，对各台区重过载现象进行直接了解。

配电台区重过载特征分析流程如图6－11所示。

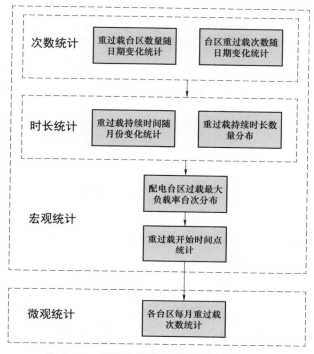

图 6-11　配电台区重过载特征分析流程图

6.3　配电台区重过载治理策略

基于 6.2 中对该地区 20 台典型配电台区从宏观、微观上的重过载数据分析，对该地区配电台区重过载现象可得出以下结论：该地区配电台区从整体宏观上来说存在一定程度的重过载现象，但从宏观整体数据上分析，其重过载现象尚处在可接受范围内，且较为严重的重过载现象从空间上主要集中在个别配电台区、从时间上主要集中在夏季用电高峰期，说明该地区的配电台区整体上不需要进行大范围的治理，但需对个别配电台区制定专门的治理对策以消除或减轻其重过载现象，在整体上增大地区配电网对夏季用电高峰的处理能力。

若想针对上述结论制定该地区配电台区重过载现象治理策略，需按多种治理方法对配电台区进行逐一分析。

一般来讲，重过载台区治理策略需参考以下标准进行制定：

（1）若重过载台区重过载次数小于 5 次，或累计过载时间小于 1h 的台区，且其容量不超过 100kVA 时，进行持续监测即可。

（2）若重过载台区 5 次＜重过载次数＜30 次，或累计过载时间处于 1～12h，且其最大负载率不超过 120%，则考虑为台区进行低压负荷精准调控，从而间接控制其负载率。

（3）若重过载台区 30 次＜重过载次数＜60 次，或累计过载时间处于 12～24h，且其最大负载率不超过 150%，则考虑增加台区的重过载能力。

（4）若重过载台区重过载次数大于 60 次，或累计过载时间大于 24h，且其最大负载率超过 150%，则考虑更换容量更大的配电变压器。

（5）在迎峰度夏期间，应考虑为单次重过载时间超过 5h 的台区配备冷却散热装置，防止其发生烧毁等严重事故。

（6）若配电台区有用电敏感用户，且配电变压器负载率日波动较大，可以考虑加装分布式储能装置，提高配电变压器利用效率和低压供电可靠性。

（7）若配电变压器重过载现象源自三相不平衡，应考虑制定三相平衡策略以降低配电变压器单相/两相重过载。

6.3.1 持续监测

配电台区作为配电网中的重要纽带设备，其安全稳定运行是配电网可靠性的重要保证。因此，对所有配电台区各项电气数据、热状态数据以及周围气象数据等进行持续监测是保证配电台区安全的基本保障。

对于 6.2 中涉及的 20 台典型配电台区，均应对其进行以 15min 或 30min 为单个时间点的不间断监测，以保证时刻了解每一配电台区的运行状态。

一般认为，对于重过载次数小于 5 次，或累计重过载时长小于 100min 的台区，当其容量不超过 100kVA 时，认为其重过载现象处于合理范围内，属于不可避免的正常现象，故只需进行持续监测，暂缓采取其他治理措施。根据基于 GB/T 1094.7—2008《电力变压器 第 7 部分：油浸式电力变压器负载导则》改进的标准，对于在 6.2.7 配电台区分类中的第一类配电台区，即图 6-10（b）（d）（k）所示的三台配电台区，采取只进行持续监测、暂缓采取其他治理措施的方法，对于第二、三类配电台区所采取的治理措施应进一步讨论。

6.3.2　配电变压器更换

当配电台区在长时间段内重过载次数明显偏多，且重过载持续时长、重过载累计时长以及最大过载率等指标表现也不佳时，说明该配电台区因自身重过载能力或容量限制已无能力保证向所辖地区负荷稳定供电，应当考虑对该类配电台区进行变压器更换以提高容量与过载能力。本小节对 6.2.7 节中第二、三类配电台区进行逐一分析，并判断其是否需要进行配电台区的更换。

（1）更换容量更大的配电台区。一般地，认为如重过载次数大于 100 次，或累计过载时长大于 3000min 的台区，应更换大容量配电变压器，具体更换多大容量的配电变压器，应根据其最大负载率乘以 1.5 计算。参照但并不严格按照该准则，认为对于 6.2.7 中图 6－10（o）（r）和（t）所示的三台配电台区，其在整个春夏阶段重过载次数均超过 100 次，表明即使在不考虑夏季用电高峰的情况下，这三台配电台区依然无法向所辖地区负荷进行可靠供电，说明其容量已明显不足，应考虑更换为容量更大的配电台区，以减少重过载现象的出现。

（2）更换过载能力强的配电台区。一般地，认为如 50 次＜过载次数≤100 次，或 1500min＜累计过载时长≤3000min 的台区，且其最大负载率小于 150%，单次过载持续时间小于 120min，可更换为过载能力强的配电台区。参照但并不严格按照该准则，认为对于 6.2.7 中图 6－10（e）（h）（m）（n）（p）（s）所示的五台配电台区，其在春季阶段没有明显的重过载现象，但在夏季用电高峰期其重过载次数均超过 50 次，故只需增加其重过载能力，或更换为过载能力更强的配电台区以应对夏季用电高峰即可；对于 6.2.7 中图 6－10（i）（j）（s）所示的三台配电台区，同样在春季阶段没有明显的重过载现象，但在夏季用电高峰期其重过载次数均超过 100 次，虽然次数较多，但考虑到其重过载现象仍较集中在夏季，故也考虑将其更换为过载能力更强的（比上述过载次数超过 50 次的台区过载能力更强）配电台区；对于 6.2.7 中图 6－10（c）所示的配电台区，其在春季阶段也有一定的重过载出现，但次数少于 50 次，但在夏季用电高峰期其重过载次数却超过了 150 次，向上向下综合考虑，也将其重过载治理策略定为更换为过载能力更强的配电台区。

6.3.3　台区负载率调控

为防止配电台区损毁，在条件允许的情况下，应为重要配电台区加装低压智能断路器。本小节提供一种低压智能断路器供读者参考，如图 6-12 所示。

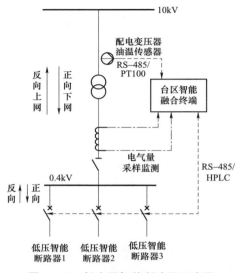

图 6-12　低电压智能断路器示意图

面向配电变压器安全运行的低压智能断路器，按以下步骤实现台区负载率的调控。

步骤 1：获取配电变压器负载率 η_k、配电变压器油温 T_{oil}^k 以及油温变化率 $\Delta T_{\text{oil}} / \Delta t$，其中 k 表示第 k 次采集断面。

步骤 2：根据配电变压器负载率 η_k、配电变压器油温 T_{oil}^k 以及油温变化率 $\Delta T_{\text{oil}} / \Delta t$ 得到配电变压器累计风险值 R_k。

步骤 3：将配电变压器累计风险值 R_k 与预设阈值进行比对，根据比对结果对低压智能断路器进行有序轮停控制，以调控配电变压器负载率。

图 6-13 所示为累计风险值计算在实施例中的流程。图 6-14 所示为低压智能断路器轮停控制循环流程。

针对当前配电变压器重过载运行或台区低压故障导致的配电变压器损毁，利用低压配电物联网技术，通过台区边缘终端和智能端设备，实时采集计算配电变压器负载率和配电变压器油温，对配电变压器运行状态开展边缘计算分析，得到配电变压器累计风险值，并根据得到的配电变压器累计风险值有序控制各低压智能断路器的分合闸状态，降低或消除配电变压器运行风险。

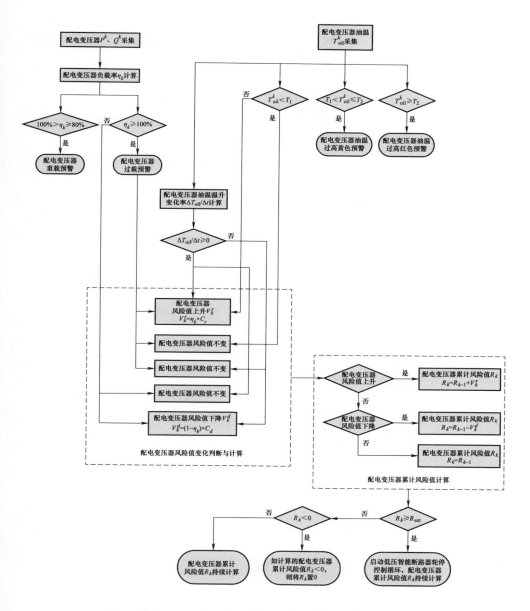

图 6-13 累计风险值计算在实施例中的流程图

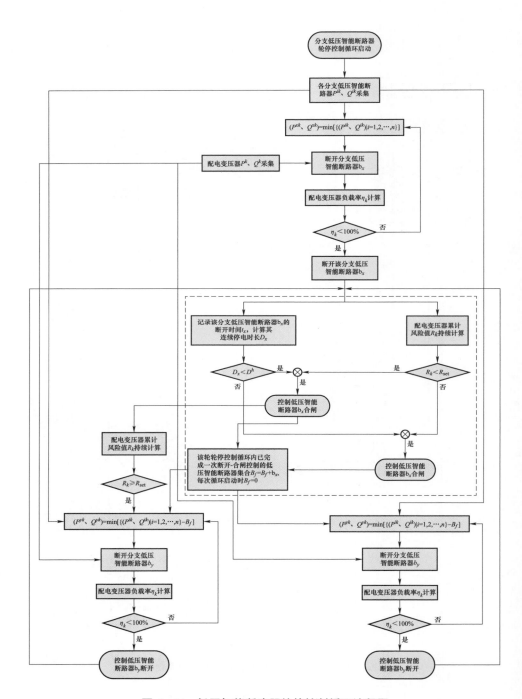

图 6-14 低压智能断路器轮停控制循环流程图

步骤 2 的具体过程为：

步骤 2-1：根据配电变压器负载率 η_k、配电变压器油温 T_{oil}^k 以及油温变化率 $\Delta T_{oil} / \Delta t$ 得到配电变压器所处的风险状态；

步骤 2-2：根据配电变压器所处的风险状态以及初始累计风险值，得到最终的配电变压器累计风险值。

步骤 2-1 的具体过程为：配电变压器第 k 次处于风险上升还是下降由第 k 次的配电变压器负载率 η_k、配电变压器油温 T_{oil}^k 以及油温变化率 $\Delta T_{oil} / \Delta t$ 综合决定，分为以下五种情况：

$\eta_k < 100\%$ 且 $\Delta T_{oil} / \Delta t < 0$ 时，配电变压器处于风险下降状态，其第 k 次的配电变压器风险下降值计算为：

$$V_k^d = (1 - \eta_k) C_d \qquad (6-1)$$

式中：V_k^d 为第 k 次计算所得的风险下降值；η_k 为第 k 次的配电变压器负载率；C_d 为配电变压器风险下降常数。

$\eta_k < 100\%$ 且 $\Delta T_{oil} / \Delta t \geqslant 0$ 时，配电变压器处于风险平衡状态，其第 k 次的配电变压器风险值变化为 0。

$\eta_k \geqslant 100\%$ 且 $\Delta T_{oil} / \Delta t < 0$ 时，配电变压器处于风险平衡状态，其第 k 次的配电变压器风险值变化为 0。

$\eta_k \geqslant 100\%$ 且 $T_{oil} < T_1$ 时，配电变压器处于风险平衡状态，其第 k 次的配电变压器风险值变化为 0。

$\eta_k \geqslant 100\%$ 且 $T_{oil} \geqslant T_1$ 且 $\Delta T_{oil} / \Delta t \geqslant 0$ 时，配电变压器处于风险上升状态，其第 k 次的配电变压器风险上升值计算为：

$$V_k^r = \eta_k C_r \qquad (6-2)$$

式中：V_k^r 为第 k 次计算所得的风险上升值；η_k 为第 k 次的配电变压器负载率；C_r 为配电变压器风险上升常数。

步骤 2-2 的具体过程为：设配电变压器第 $k-1$ 次时的累计风险值为 R_{k-1}，当第 k 次的配电变压器处于风险上升状态时，则配电变压器第 k 次时的累计风险值 R_k 为：

$$R_k = R_{k-1} + V_k^r \qquad (6-3)$$

当第 k 次的配电变压器处于风险下降状态时，则配电变压器第 k 次时的累计风险值 R_k 为：

$$R_k = R_{k-1} - V_k^d \qquad (6-4)$$

当第 k 次的配电变压器处于风险平衡状态时，则配电变压器第 k 次时的累计风险值 $R_k = R_{k-1}$，累计风险值保持不变。

式（6-4）中 $R_k \geq 0$，当 $R_k = 0$ 时，则不再进行累计风险值下降计算。

步骤 3 的具体过程为：当 $R_k \geq R_{set}$ 时，启动低压智能断路器的轮停控制循环，当 n 个低压智能断路器完成一次断开-合闸控制后，则该轮轮停控制循环结束，其中 n 表示分支低压断路器个数；每轮轮停控制循环内，每个低压智能断路器的最长连续停电时长为 D_h，具体为：

步骤 3-1：比较各分支的负荷功率，找到最小的分支负荷，当断开该分支后，配电变压器负载率 $\eta_k < 100\%$（此时配电变压器风险值不会再上升）；此时记录该分支低压智能断路器 b_x 的断开时间 t_x，计算其连续停电时长 D_x，其中 x 为低压智能断路器的编号。

步骤 3-2：台区智能融合终端继续计算配电变压器的累计风险值 R_k，当分支低压智能断路器 b_x 的连续停电时长 $D_x < D_h$ 时，配电变压器的累计风险值 $R_k < R_{set}$，则控制分支低压智能断路器 b_x 合闸。

步骤 3-3：当分支低压智能断路器 b_x 合闸完成后，配电变压器累计风险值 R_k 再次上升到 $R_k \geq R_{set}$，则在剔除步骤 3-2 中合闸的分支低压智能断路器 b_x 后，再次比较剩余各分支的负荷功率，找到最小的分支负荷；当断开该分支后，配电变压器负载率 $\eta_k < 100\%$（此时配电变压器风险值不会再上升）；此时记录该分支低压智能断路器 b_y 的断开时间 t_y，并计算其连续停电时长 D_y，其中 y 为低压智能断路器的编号，b_y 与低压智能断路器 b_x 不是同一个。

步骤 3-4：在该轮轮停控制循环周期内，分支低压智能断路器 b_x 的连续停电时长 $D_x = D_h$，而配电变压器的累计风险值 $R_k \geq R_{set}$ 时，台区智能融合终端控制该断开的低压智能断路器 b_x 合闸。

步骤 3-5：当分支低压智能断路器 b_x 因连续停电时长达到上限 D_h 而合闸后，因此时配电变压器的累计风险值 $R_k \geq R_{set}$，则在剔除步骤 3-4 中合闸的分支低压智能断路器 b_x 后，再次比较剩余各分支的负荷功率，找到最小的分支负荷；当断开该分支后，配电变压器负载率 $\eta_k < 100\%$（此时配电变压器风险值不会再上升）；此时记录该分支低压智能断路器 b_y 的断开时间 t_y，并计算其连续停电时长 D_y。

通过上述步骤，可在配电变压器超出安全运行风险值时，有序轮停控制配电变压器各分支低压智能断路器，从而通过调控配电变压器负载率来保障配电变压器处于安全运行风险之内。

步骤 3 中，以台区智能融合终端配电变压器风险变化计算启动时为 t_0，此时根据配电变压器的负载率和油温确定配电变压器初始累计风险值 R_0，初始累计风险值 R_0 根据表 6-6 所列条件确定，其中 R_{set} 为设定的配电变压器安全运行风险值。

表 6-6　　　　　　　　配电变压器初始累计风险值 R_0 设置

初始条件	$T_{oil} < T_1$	$T_1 < T_{oil} < T_2$	$T_{oil} \geqslant T_2$
$\eta_k \leqslant 80\%$	$R_0 = 10\% R_{set}$	$R_0 = 20\% R_{set}$	$R_0 = 30\% R_{set}$
$80\% < \eta_k \leqslant 100\%$	$R_0 = 40\% R_{set}$	$R_0 = 50\% R_{set}$	$R_0 = 60\% R_{set}$
$\eta_k > 100\%$	$R_0 = 60\% R_{set}$	$R_0 = 70\% R_{set}$	$R_0 = 80\% R_{set}$

面向配电变压器安全运行的低压智能断路器控制装置包括电压检测模块、电流检测模块、油温检测模块和控制模块。其中，电压检测模块用于检测配电变压器低压出口三相电压；电流检测模块用于检测配电变压器低压出口三相电流和配电变压器高压侧的三相电流；油温检测模块用于检测配电变压器油温；控制模块分别与电压检测模块、电流检测模块和油温检测模块相连，用于根据各模块检测到的参数来得到配电变压器累计风险值，并将配电变压器累计风险值与预设阈值进行比对，根据比对结果对低压智能断路器进行有序轮停控制，以调控配电变压器负载率。

具体地，控制模块为配电台区智能融合终端，电压检测模块和电流检测模块集成于低压智能断路器中，油温检测模块为配电变压器油温传感器；配电台区智能融合终端通过 RS-485 与各分支低压智能断路器相连，配电台区智能融合终端通过 RS-485 与配电变压器油温传感器相连。

配电台区智能融合终端实时监测配电变压器低压侧总有功功率 P^k 和总无功功率 Q^k，其中 k 为第 k 次采集断面（下同）；低压智能断路器实时监测配电变压器各分支低压智能断路器总有功功率 P^{ik} 和总无功功率 Q^{ik} 等，其中 i 为第 i 个分支低压智能断路器；配电变压器油温传感器实时采集配电变压器油温数据 T_{oil}^k；台区智能融合终端通过 RS-485 或 HPLC 实时采集配电变压器各分支低压智能

断路器数据 P^{ik}、Q^{ik}，通过 RS-485 或 PT100 实时采集配电变压器油温传感器数据 T_{oil}^k；台区智能融合终端实时计算配电变压器负载率、各分支负荷、配电变压器油温，判断配电变压器运行状况。具体为：

基于配电变压器额定容量和实时采集配电变压器实际总功率，实时计算配电变压器负载率 η_k，并判断配电变压器是否重过载：

$$\eta_k = \sqrt{P^{k2} + Q^{k2}} \big/ S_N \times 100\% \qquad (6-5)$$

当 $80\% < \eta_k \leqslant 100\%$ 时，配电变压器为重载状态，台区智能融合终端上报配电变压器重载预警。

当 $\eta_k \geqslant 100\%$ 时，配电变压器为过载状态，台区智能融合终端上报配电变压器过载预警。

另外，通过各分支的低压智能断路器监测并计算各分支负荷：

$$S^{ik} = \sqrt{P^{ik2} + Q^{ik2}} \qquad (6-6)$$

还包括判断配电变压器油温是否过高，并计算配电变压器油温的变化趋势 $\Delta T_{oil} / \Delta t$，其中 ΔT_{oil} 为第 k 次与 $k-1$ 次的油温差，$\Delta T_{oil} = T_{oil}^k - T_{oil}^{k-1}$；$\Delta t$ 为连续两次采集的时间断面间隔。

当 $T_1 \leqslant T_{oil}^k < T_2$ 时，发配电变压器油温过高黄色预警，T_1 为配电变压器油温黄色预警阈值，台区智能融合终端上报配电变压器油温过高黄色预警；

当 $T_{oil}^k \geqslant T_2$ 时，发配电变压器油温过高红色预警，T_2 为配电变压器油温红色预警阈值，台区智能融合终端上报配电变压器油温过高红色预警。

6.3.4 储能配置

一般地，认为如配电台区有用电敏感用户，且配电变压器负载率日波动较大，可以考虑加装分布式储能装置，提高配电变压器利用效率和低压供电可靠性。然而，考虑对于 6.2.2 和 6.2.3 中重过载现象较为严重的台区，已通过代价较大的直接更换的方式来解决，若更换到位，可从根本上解决重过载问题，故对于该类配电台区，不再考虑额外加装分布式储能装置的方法增加其抗过载能力，以避免增加不必要的成本。而对于 6.2 中重过载现象相对较轻微的配电台区，考虑通过加装分布式储能装置的方法来提高其重过载能力，增强其供电可靠性。对于 6.2.7 中图 6-10（a）（b）（d）（g）所示的四台配电台区，其过载最大负载率均超过 1.2 且过载最大、最小负载率相差均超过 20%，说明该类配电台区在次数不多的过载现象中过载程度较大，且负载波动大，故考虑对该类台区加装分布式储能装置；对于 6.2.7 中图 6-10（f）（k）（q）所示的三台配电台区，其过载最大负载率均在 1.2 以下，且负载波动较小，因此不考虑额外为其加装储能装置。

配电网储能装置主要基于电池储能原理，并接入台区 380V 线路，实时监测目标用户群的电压、负荷情况，开展智能分析，就地进行功率补偿，减小台区首端至末端用户群的电流，从而达到降低线路压降、抬升用户电压、减轻配电变压器负载的效果，实现短时低电压、重过载治理的目的。目前储能装置型号主要有 30kW/30kWh、30kW/60kWh 两种。配电网储能装置如图 6-15 所示。

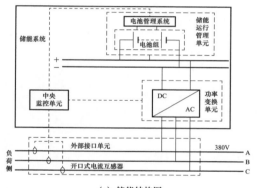

（a）储能结构图

（c）储能实物图2

（b）储能实物图1

（d）储能实物图3

图 6-15　配电网储能装置

配电网储能装置主要具有以下技术优点：一是部署灵活、响应迅速。配电网储能装置采用小型化和模块化设计，可根据现场需求位置进行快速部署，具有非常好的灵活、机动特性。二是循环利用、经济环保。由于配电网储能装置的灵活、机动特性，一台装置可以在多个地方循环利用。三是削峰填谷、平抑冲击。配电网储能装置可在负荷高峰期释放电能、负荷低谷期存储电能，不但能缓解尖峰负荷对电网的冲击，而且能促进分布式清洁能源消纳，赚取峰谷价差。

采用配电网储能装置治理低电压主要适用于以下特殊场景。

（1）应用场景1：远端随机大负荷导致周边用户短时低电压问题。

1）场景说明。当台区末端接入有鱼塘群、抽水泵等随机性大负荷（最大不超过40kVA，工作2～3h，且未造成台区过载现象），日常用电行为不规律，当大负荷不开机时台区用户均无低电压现象；当大负荷开机后，周边用户由于线路后端负荷电流突增引起的压降导致发生成片低电压问题，如图6-16所示。

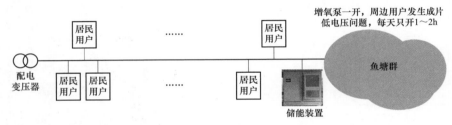

图6-16 远端随机大负荷应用场景

2）治理方式。如按照传统治理方式，采用延伸10kV线路、就近补点和低压线路改造等方案，当投资不超过30万元/回路，宜进行网改补点解决。若用户对用电质量要求特别急迫，可在网改完工前，通过租赁模式在远端随机大负荷前加装配电网储能装置以临时缓解低电压问题。

（2）应用场景2：远端成片短时大负荷导致该区域短时低电压问题。

1）场景说明。当台区末端聚集较多居民用户（最大负载不超过40kVA），日常用电行为具有一定规律性（如在18～20时晚高峰同时用电），用电高峰持续时长2～3h；台区末端用户每天仅在用电高峰期出现短时成片低电压现象，其他时间段均无低电压现象，如图6-17所示。

2）治理方式。综合考虑网改建设面临的项目管理、安全管控、施工难度等困难，宜采用在成片集中用户前端加装配电网储能装置方式，以高效解决低电压问题。

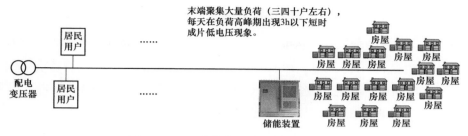

图6-17　远端成片短时大负荷应用场景

应用场景3："短时/保电型"台区临时重过载问题。

（1）场景说明。配电台区变压器每年仅有少数几天（如春节、婚丧嫁娶等）出现过载，且每天过载时间持续3~4h。在负荷高峰或重要保电期间，存在末端用户低电压、变压器短时过载损坏，甚至影响10kV线路运行的风险。该部分问题若采取10kV线路延伸、台区补点等网改措施，将导致大量日常轻载台区增加线损。当建设项目因投资回报率不高等原因改造时序靠后时，可在网改前采用租赁方式，利用配电网储能装置解决问题；网改后可将储能装置移至其他需求场景。

（2）治理方式。如该问题可不改造高压，仅通过增容（或高过载配电变压器）等即可解决，宜优先采取更换变压器方式治理。当该问题无法仅通过增容方式解决时，若100kVA配电变压器最大负载率超过130%，200kVA配电变压器最大负载率超过115%，宜通过网改补点方式解决问题。该类情况主要受当前电池容量和储能装置体积影响，随着技术发展后续也可适用。

采用配电网储能技术主要有以下优势：

（1）远端随机大负荷导致周边用户短时低电压。由于鱼塘群、抽水泵等随机大负荷并非长期固定用户，可能在几年内废弃、拆除，因此采用配电网储能装置解决该问题，可节约大量人力、物力、财力，避免线路改造等一次性投资浪费。

（2）远端成片短时大负荷导致该区域短时低电压。采用延伸10kV线路、就近补点和低压线路改造等低电压方案，当投资超过30万元时，改造工程量大，时间周期长，安全风险高，且项目管理、现场协调等方面具有一定难度。在此情形下，采用配电网储能装置解决低电压问题，既快捷、高效，又避免了长期施工带来的安全风险，节省了时间成本和管理成本。

（3）特殊时期短时重过载导致供电能力受限。在此应用场景下，采用网改解决每年仅几天、每天仅 2～3h 的短时性供电问题，投资回报率偏低，采用储能装置相对经济高效。同时，储能装置灵活便捷，可在 1 天内安装到位。在改造项目立项前临时租赁储能装置作为过渡措施，可迅速缓解春节等特殊时期 10kV 线路和配电变压器短时重过载带来的电网压力，快速响应用户急迫的用电需求。

6.3.5 冷却散热提高配电变压器过载能力

一般地，认为如过载主要发生在迎峰度夏或气温相对较高的时段，且重过载次数小于 50 次，或单次过载持续时间小于 90min，最大负载率低于 120%，可以通过配电变压器冷却降温，降低配电变压器油温，提高抗风险能力。参照但并不严格按照该准则，认为对于 6.2.7 中图 6－10（a）（f）（g）（q）所示的四台配电台区，在春季阶段同样出现并不明显的重过载现象，在夏季用电高峰期出现了明显的重过载现象，考虑其重过载次数均在 50 次以下，较 6.2.2 节中所选台区的重过载现象明显较轻微，故考虑只在夏季阶段采用台区表面降温的方式，以增强其抗风险能力。

本小节提供一种柱上配电变压器冷却降温装置供读者参考，如图 6－18 所示。

如图 6－18 所示，柱上配电变压器冷却降温装置，包括控制单元、旋转云台、雾化喷头和冷却液单元。雾化喷头安装于旋转云台上且位于柱上配电变压器的上方；冷却液单元与雾化喷头相连，用于提供冷却液至雾化喷头进行喷洒；检测单元与控制单元相连，用于检测配电变压器的油温数据和环境温度并发送至控制单元；控制单元分别与旋转云台、雾化喷头和冷却液单元相连，用于根据检测单元检测的数据控制旋转云台的旋转动作以实现定向喷淋，以及控制冷却液单元来实现雾化喷头的喷淋量调节。

该发明装置能够实时对配电变压器油温以及外部环境参数的实时监控。当温度达到危险值时，高温信号传输到控制单元，控制单元发出指令开启冷却液单元，并且调整旋转云台在横向、纵向旋转一定的角度对温度过高的位置进行冷却液喷洒，达到冷却降温的效果；当温度降低到安全值时关闭系统。配电变压器冷却降温装置能够实时监控系统的自动启停，并且对指定位置进行冷却液

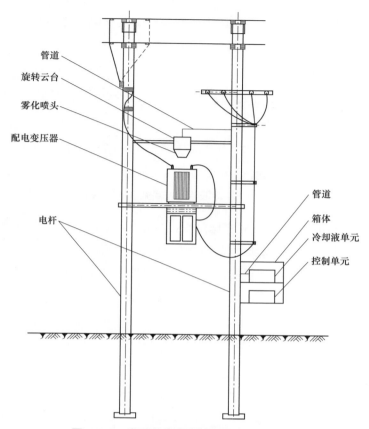

图6-18　发明装置在实施例的结构示意图

喷洒，从而提高冷却降温的效率以及减少资源的浪费。

　　如图6-19所示，冷却液单元包括储水箱、电磁阀、过滤器和增压泵。储水箱、电磁阀、过滤器和增压泵依次通过管道相连，增压泵的出口端通过管道与雾化喷头相连。其中，雾化喷头配置有动力泵，用于向雾化喷头提供一定压力的气体；增压泵的出口端与储水箱之间配置有溢流阀。冷却液由储水箱流出经液压管道流向电磁阀，电磁阀通电打开阀门后经液压管道流入过滤器，经过滤器过滤后流入增压泵，经增压泵增压达到高性能雾化喷头的液体工作压力；气体由冷却液喷洒动力泵增压达到高性能雾化喷头的气体工作压力；高压液体和高压气体经高性能雾化喷头均匀喷洒至配电变压器油温过高部分使其冷却降温，其中喷洒时由旋转云台对雾化喷头进行旋转调整以保证冷却液喷洒至油温过高部分。基保溢流阀安装在增压泵与高性能雾化喷头之间，防止液压管路压力高于高性能雾化喷头有效工作压力而对高性能雾化喷头造成损坏，将冷却液溢流回储水箱。

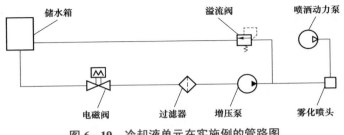

图 6-19   冷却液单元在实施例的管路图

如图 6-20 所示，在一具体实施例中，控制单元通过导线与电磁阀、增压泵、冷却液喷洒动力泵、旋转云台以及检测单元连接，实时监控各个部分的状态，控制配电变压器冷却降温装置的启停以及喷淋位置和喷淋量的调整。其中，检测单元可以采用温度传感器，安装在配电变压器各处位置以及外部环境中，实现各个位置的温度检测。当然，也可以配置红外相机等部件，实时对配电变压器的温度进行监控。

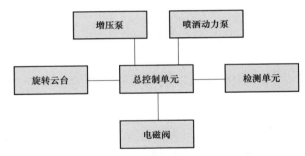

图 6-20   发明中的装置在实施例的电路方框图

在一具体实施例中，旋转云台通过安装组件安装在两电杆之间，安装组件包括安装板，安装板的两端通过紧固件（如螺栓和螺母）紧固在两根电杆上，安装结构简单且易于实现。控制单元和冷却液单元分层安装在一箱体内，箱体位于电杆的一侧，其中控制单元位于冷却液单元的上层。旋转云台安装在金属安装板上，通过旋转云台在横向、纵向旋转进行不同角度的冷却液喷洒，对配电变压器进行冷却降温，其中液压管道铺设在金属板材上。

柱上配电变压器冷却降温装置在变压器处于过载、过热状态时，控制单元结合配电变压器油温数据以及外部环境参数开启电磁阀、增压泵以及冷却液喷洒动力泵，液体和气体由高性能雾化喷头呈雾状喷射到过热位置，达到对配电变压器的冷却降温的效果。柱上配电变压器冷却降温装置能够提高降温效率、减少资源浪费、对喷淋进行自动启停，防止变压器损坏。

基于如上所述的柱上配电变压器冷却降温装置，其按如下步骤实现降温控制。

步骤1：检测单元检测配电变压器的油温数据（当前配电变压器的油温、超短期油温预测曲线和油温危险等级值）和环境温度并发送至控制单元8。

步骤2：控制单元根据检测单元检测到的数据控制旋转云台的旋转动作来实现定向喷淋，以及控制冷却液单元来实现雾化喷头的喷淋量调节。

具体地，当局部配电变压器油温数据超过配电变压器工作油温的危险设定值时，柱上配电变压器冷却降温装置开始工作。油温过高信号由配电变压器通过导线传输到控制单元，控制单元发出指令，通过导线传输至电磁阀、增压泵以及冷却液喷洒动力泵，电磁阀通电打开阀门，增压泵和冷却液喷洒动力泵通电工作增压；储水箱的水流通过阀门流入过滤器，经过滤器过滤后通过液压管路流入增压泵，经增压泵增压达到高性能雾化喷头的液体工作压力；气体通过冷却液喷洒动力泵增压达到高性能雾化喷头的气体工作压力。同时，控制单元发出指令通过导线（或无线）传输至旋转云台，旋转云台在横向和纵向调整一定的角度，使高性能雾化喷头对准配电变压器油温过高部分喷洒冷却液，配电变压器受到冷却液喷洒，对配电变压器的散热片组顶部进行冷却降温，提高配电变压器的散热效率，局部配电变压器油温降低，达到冷却降温的效果。

当局部配电变压器油温低于配电变压器正常工作设定的安全值时，配电变压器通过导线传输到控制单元，控制单元发出指令，通过导线传输至电磁阀、增压泵、冷却液喷洒动力泵以及旋转云台，电磁阀断电关闭阀门，增压泵和冷却液喷洒动力泵断电关闭，旋转云台停止旋转，此时高性能雾化喷头不再喷洒冷却液，冷却降温装置停止工作。

当配电变压器局部油温超过设定的危险值或低于设定的安全值时，冷却降温装置开始或停止工作，重复整个过程，将配电变压器油温控制在安全范围内。

6.3.6 三相不平衡治理降低配电变压器单相/两相重过载

在公用变压器台区，特别是农村电网台区，由于单相负荷的存在以及用电随机性很大等缘故，不可避免地会出现三相不平衡现象。其中，变压器长期三相不平衡运行，会加速变压器重过载相的老化，可能会造成变压器烧毁现象；另外，农业生产所用的装置是电动机类装置，会产生非常明显的无功功率，导致某几个分支有很大的无功电流。

目前常见的电能质量补偿方案是集中式电能质量补偿方案，即采用电力电子式补偿装置检测负载电流成分，补偿电流的不平衡成分，进而达到变压器出线电流平衡，治理无功电流。另外，对于电力电子式补偿装置，根据现场的工况，设定某一个固定的补偿模式，但如果负载进行投入或切出，现场工况发生变化，当前的补偿模式对于线路的治理效果就不明显了。

参 考 文 献

［1］ 范志成，朱俊澎，袁越，等.基于改进型直流潮流算法的主动配电网分布式电源规划模型及其线性化方法［J］. 电网技术，2019，43（2）：504－513.

［2］ WANG C, ZHANG M, HUANG G, et al. Framework of intelligent analysis and mining for power big data［J］. Earth and Environmental Science, 2018, 153 (2): 022038.

［3］ ZHANG S, ZHANG D, ZHANG Y, et al. The research and application of the power big data［J］. Seventh International Conference on Electronics and Information Engineering, 2017, 10322.

［4］ 苏品毓. 基于大数据的用户用电特性研究［D］. 北京：华北电力大学，2017.

［5］ 刘会兰. 基于交叉熵理论的配电变压器寿命组合预测方法研究［D］. 北京：华北电力大学，2014.

［6］ MENG X, CHEN L, LI Y. A parallel clustering algorithm for power big data analysis［J］. Parallel Architecture, Algorithm and Programming, 2017, 729.

［7］ XUE J, CHEN X, DING H, et al. Research on real time processing and intelligent analysis technology of power big data［C］. Proceedings of the International Conference on Big Data and Internet of Thing, 2017.

［8］ 林宝德，杨铮宇. 基于多维特征的电网台区线损数据异常识别研究［J］. 电力系统保护与控制，2022，50（9）：172－178.

［9］ 冷喜武，陈国平，蒋宇，等. 智能电网监控运行大数据应用模型构建方法［J］. 电力系统自动化，2018，42（20）：115－122.

［10］ 徐博超. 基于参数关联性的电站参数异常点清洗方法［J］. 电力系统自动化，2020，44（20）：142－147.

［11］ 赵莉，候兴哲，胡君，等. 基于改进 K-means 算法的海量智能用电数据分析［J］. 电网技术，2014，38（10）：2715－2720.

［12］ 王文秀，田世明，王泽忠，等. 一种基于贝叶斯网络的电力负荷峰值预测方法［J］. 供用电，2019，36（7）：57－64.

［13］ 李富鹏，沈秋英，王森，等. 基于大数据和多因素组合分析的单元制配电网精细化负荷

预测［J］. 智慧电力，2020，48（1）：55－62.

［14］沈小军，付雪姣，周冲成，等. 风电机组风速－功率异常运行数据特征及清洗方法［J］. 电工技术学报，2018，33（14）：3353－3361.

［15］严英杰，盛戈皞，陈玉峰，等. 基于时间序列分析的输变电设备状态大数据清洗方法［J］. 电力系统自动化，2015，39（7）：138－144.

［16］刁赢龙，盛万兴，刘科研，等. 大规模配电网负荷数据在线清洗与修复方法研究［J］. 电网技术，2015，39（11）：3134－3140.

［17］陶晶. 基于聚类和密度的离群点检测方法［D］. 广州：华南理工大学，2014.

［18］封焯文，朱世平，赵志华，等. 风功率异常数据检测方法对比研究［J］. 电工电能新技术，2021，40（7）：55－61.

［19］薛明志，陈商玥，高强. 基于 k-medoids 聚类算法的低压台区线损异常识别方法［J］. 天津理工大学学报，2021，37（1）：26－31.

［20］鲁树武，伍小龙，郑江，等. 基于动态融合 LOF 的城市污水处理过程数据清洗方法［J］. 控制与决策，2022，37（5）：1231－1240.

［21］郭丽娟，张玉波，尹立群，等. 基于离群点检测的变电主设备异常辨识与规律分析［J］. 南方电网技术，2018，12（9）：14－21.

［22］严明辉，潘舒宸，吴滇宁，等. 基于非参数核密度估计的电力市场用户电量异常数据辨识与修正方法［J］. 现代电力，2022，39（1）：80－87.

［23］李星南，施展，亢中苗，等. 基于孤立森林算法和 BP 神经网络算法的电力运维数据清洗方法［J］. 电气应用，2018，37（16）：72－79.

［24］金勇进. 缺失数据的插补调整［J］. 数理统计与管理，2001（6）：47－53.

［25］唐良瑞，王瑞杰，吴润泽，等. 面向全景调控统一数据模型的缺失数据填补算法［J］. 电力系统自动化，2017，41（1）：25－30＋87.

［26］FAHAD A, ALSHATRI N, TARI Z, et al. A survey of clustering algorithms for big data: taxonomy and empirical analysis［J］. IEEE Transactions on Emerging Topics in Computing, 2014, 2 (3): 267－279.

［27］ZHANG T, RAMAKRISHNAN R, LIVNY M. BIRCH: an efficient data clustering method for very large databases［C］. ACM, 1996.

［28］GUHA S, RASTOGI R, SHIM K. ROCK: A robust clustering algorithm for categorical attributes［C］//Data Engineering, 1999. Proceedings. 15th International Conference on. 1999.

［29］ GUHA S, RASTOGI R, SHIM K. CURE: An Efficient Clustering Algorithm for Large Databases［J］. Information Systems, 1998, 26 (1): 35 – 58.

［30］ 张红斌，贺仁睦，刘应梅. 基于 KOHONEN 神经网络的电力系统负荷动特性聚类与综合［J］. 中国电机工程学报，2003，（5）：2 – 6.

［31］ 李智勇，吴晶莹，吴为麟，等. 基于自组织映射神经网络的电力用户负荷曲线聚类［J］. 电力系统自动化，2008，（15）：66 – 70.

［32］ HARTIGAN J A, WONG M A. Algorithm AS 136: A K-means vlustering algorithm［J］. Journal of the Royal Statistical Society, 1979, 28 (1): 100 – 108.

［33］ 赵岩，李磊，刘俊勇，等. 上海电网需求侧负荷模式的组合识别模型［J］. 电网技术，2010，34（1）：145 – 151.

［34］ LUCASIUS C B, DANE A D, KATEMAN G. On k-medoid clustering of large data sets with the aid of a genetic algorithm: background, feasiblity and comparison［J］. Analytica Chimica Acta, 1993, 282 (3): 647 – 669.

［35］ KAUFMAN L, ROUSSEEUW P J. Partitioning around medoids (Program PAM)［M］. Wiley-Blackwell, 2008.

［36］ MIYAMOTO S, ICHIHASHI H, HONDA K. Algorithms for fuzzy clustering［M］. Methods in c-Means Clustering with Applications. Berlin: Springer-Verlag, 2008.

［37］ 荣秋生，颜君彪，郭国强. 基于 DBSCAN 聚类算法的研究与实现［J］. 计算机应用，2004，（4）：45 – 46.

［38］ KIM K H, BAEK J G. A prediction of chip quality using optics (ordering points to identify the clustering structure) based feature extraction at the cell level［J］. Journal of the Korean Institute of Industrial Engineers, 2014, 40 (3): 257 – 266.

［39］ RALLAPALLI S R, GHOSH S. Forecasting monthly peak demand of electricity in India: A critique［J］. Energy Policy, 2012, 45: 516 – 520.

［40］ 邓带雨，李坚，张真源，等. 基于 EEMD-GRU-MLR 的短期电力负荷预测［J］. 电网技术，2020，44（2）：593 – 602.

［41］ 唱友义，孙赫阳，顾泰宇，等. 采用历史数据扩充方法的风力发电量月度预测［J］. 电网技术，2021，45（3）：1059 – 1068.

［42］ 张铁岩，孙天贺. 计及季节与趋势因素的综合能源系统负荷预测［J］. 沈阳工业大学学报，2020，42（5）：481 – 487.

［43］ 蒋刚. 基于模糊支持向量核回归方法的短期峰值负荷预测［J］. 控制理论与应用, 2007 (6): 986－990.

［44］ LI M, ZHOU Q. Distribution transformer mid-term heavy load and overload pre-warning based on logistic regression［C］//2015 IEEE Eindhoven PowerTech, June 29－July 2, 2015, Eindhoven, Netherlands, 2015: 1－5.

［45］ NGO V C, WU W C, ZHANG B M. Ultra-short-term load forecasting using robust exponentially weighted method in distribution networks［J］. Journal of Information, Control and Management Systems, 2015 (9): 301－308.

［46］ 沈渊彬, 刘庆珍. 基于卡尔曼滤波－SVR 时刻峰值的短期负荷预测［J］. 电气开关, 2016, 54 (2): 35－38.

［47］ 张国宾, 王晓蓉, 邓春宇. 基于关联分析与机器学习的配网台区重过载预测方法［J］. 大数据, 2018, 4 (1): 105－116.

［48］ ZHENG J, XU C, ZHANG Z, et al. Electric load forecasting in smart grids using long-short-term-memory based recurrent neural network［C］//2017 51st Annual Conference on Information Sciences and Systems (CISS). IEEE, 2017: 1－6.

［49］ SUN X R, LUH P B, CHEUNG K W. Efficient approach to short-term load forecasting［J］. IEEE Transactions on Power Systems, 2016 (3): 301－307.

［50］ 吕志星, 张虩, 王沈征, 等. 基于 K-Means 和 CNN 的用户短期电力负荷预测［J］. 计算机系统应用, 2020, 29 (3): 161－166.

［51］ 胡全贵, 谢可, 任玲玲, 等. 人工智能在电力行业中的应用分析［J］. 电力信息与通信技术, 2021, 19 (1): 73－80.

［52］ 杨秀, 胡钟毓, 田英杰, 等. 基于关注指标和深度学习的台区配变重过载预警方法研究［J］. 智慧电力, 2021, 49 (4): 66－74.

［53］ 杨龙, 吴红斌, 丁明, 等. 新能源电网中考虑特征选择的 Bi-LSTM 网络短期负荷预测［J］. 电力系统自动化, 2021, 45 (3): 166－173.

［54］ BICHPURIYA Y K, SOMAN S A, SUBRAMANYAM A. Non-parametric probability density forecast of an hourly peak load during a month［C］//2014 Power Systems Computation Conference. Wroclaw, Poland: IEEE, 2014: 1－6.

［55］ 李鹏, 王瑞, 冀浩然, 等. 低碳化智能配电网规划研究与展望［J］. 电力系统自动化, 2021, 45 (24): 10－21.

［56］齐宁，程林，田立亭，等. 考虑柔性负荷接入的配电网规划研究综述与展望［J］. 电力系统自动化，2020，44（10）：193－207.

［57］李元，刘宁，梁钰，等. 基于温升特性的油浸式变压器负荷能力评估模型［J］. 中国电机工程学报，2018，38（22）：6737－6746.

［58］王从龙. 油浸式电力变压器绕组热点温度检测技术的研究［D］. 广州：华南理工大学，2021.

［59］宋浩永，黄青丹，王炜，等.110kV 变压器换油增容改造可行性研究［J］. 变压器，2021，58（8）：33－36.

［60］贾丹平，赵璐，皇甫丽影. 变压器绕组热点温度监测技术的研究［J］. 计量学报，2022，43（2）：235－241.

［61］于婷. 基于红外测温技术的变压器运行状态监测系统研究［D］. 上海电机学院，2021.

［62］崔庆傲，杨武亚，刘盼，等. 基于红外测温技术的变压器在线监测系统设计［J］. 电工技术，2019（24）：43－44.

［63］张利军. 工业热电偶测温原理及故障分析［J］. 科技资讯，2022，20（2）：42－44.

［64］魏晋和，崔建军，张福民，等. 光纤光栅应变传感器校准的环境温度测量系统及其标定方法研究［J］. 计量学报，2019，40（S1）：42－46.

［65］GRATTAN K T V, SUN T. Fiber optical sensor technology［J］. An Overview Sensors and Actuators, 2000, 82 (1): 40－61.

［66］MCNUTT W J, MCIVER J C, LEIBINGER G E, et al. Direct measurement of transformer winding hot spot temperature［J］. IEEE Transactions on Power Apparatus and Systems, 1984, 103 (6): 1155-1162.

［67］ALVES R V, WICKERSHEIM K A. Fluoropticm thermometry: Temperature sensing using optical fibers［C］//Optical Fibers in Broadband Networks, Instrumentation, and Urban and Industrial Environments. Paris, France:［s.n.］, 1984: 146－152.

［68］刘军，陈伟根，赵建保. 基于光纤光栅传感器的变压器内部温度测量技术［J］. 高电压技术，2009，35（3）：539－543.

［69］李秀琦，侯思祖，苏贵波. 分布式光纤测温系统在电力系统中的应用［J］. 电力科学与工程，2008（8）：37－40.

［70］刘爽. 基于光纤光栅传感器的变压器温度分布特性实验研究［D］. 武汉：华中科技大学，2017.

［71］文江林. 基于光纤荧光的电力设备温度检测系统的研究［D］. 沈阳：沈阳工业大学，2005.

［72］刘真良，赵振刚，李英娜，等. 变压器铁芯表面温度的光纤 Bragg 光栅监测与热特征研究［J］. 光学技术，2016，42（3）：281－284.

［73］张超，李永倩，李晓娟，等. 基于 BOCDA 变压器绕组温度监测系统设计［J］. 光通信技术，2016，40（11）：34－36.

［74］LU P, BURIC M, BYERLY K, et al. Real-time monitoring of temperature rises of energized transformer cores with distributed optical fiber sensors［J］. IEEE Transactions on Power Delivery, 2019, 34 (4): 1588－1598.

［75］MONTSINGER V M. Cooling of oil-immersed transformer windings after shut-down［J］. Transactions of the American Institute of Electrical Engineers, 1917 (36): 711－734.

［76］MONTSINGER W, COONEY, DOHERTY, et al. Temperature rise of stationary electrical apparatus as influenced by radiation, convection and altitude［J］. Transactions of the American Institute of Electrical Engineers, 1924, 43 (9): 803－812.

［77］COONEY W H. Predetermination of self-cooled oil-immersed transformer temperatures before conditions are constant［J］. Journal of the A. I. E. E, 2013, 44 (12): 1324－1331.

［78］MONTSINGER V M. Temperature limits for short-time overloads for oil-insulated neutral grounding reactors and transformers［J］. Electrical Engineering, 1938, 57 (5): 286.

［79］VOGEL F J, NARBUTOVSKIH P. Hot-spot winding temperatures in self-cooled oil-Insulated transformers［J］. Transactions of the American Institute of Electrical Engineers, 1942, 61 (3): 133－136.

［80］Guide for loading mineral-oil-immersed transformers up to and including 100 MVA with 55℃ or 65 ℃ average winding rise: ANSI/IEEE C57. 92—1981［S］. 1981.

［81］LACHMAN M F, GRIFFIN P J, WALTER W, et al. Realtime dynamic loading and thermal diagnostic of power transformers［J］. IEEE Transactions on Power Delivery, 2003, 18 (1): 142－148.

［82］中华人民共和国国家质量监督检验检疫总局，中国国家标准化委员会. 电力变压器　第7部分：油浸式电力变压器负载导则：GB/T 1094. 7—2008［S］. 北京：中国标准出版社，2008.

［83］SUSA D, NORDMAN H. A simple model for calculating transformer hot-spot temperature［J］. IEEE Transactions on Power Delivery, 2009, 24 (3): 1257－1265.

［84］ SWIFT G, MOLINSKI T S, LEHN W. A fundamental approach to transformer thermal modeling—Part Ⅰ: theory and equivalent circuit［J］. IEEE Transactions on Power Delivery, 2001, 16 (2): 171－175.

［85］ SWIFT G, MOLINSKI T S, BRAY R, et al. A fundamental approach to transformer thermal modeling—Part Ⅱ: Field verification［J］. IEEE Transactions on Power Delivery, 2001, 16 (2): 176－180.

［86］ RADAKOVIC Z R, SORGIC M S. Basics of detailed thermal-hydraulic model for thermal design of oil power transformers［J］. IEEE Transactions on Power Delivery, 2010, 25 (2): 790－802.

［87］ SUSA D, NORDMAN H. A simple model for calculating transformer hot‐spot temperature ［J］. IEEE Transactions on Power Delivery, 2009, 24 (3): 1257－1265.

［88］ JAUREGUI-RIVERA L, TYLAVSKY D J. Acceptability of four transformer top-oil thermal models—Part Ⅱ: Comparing metrics［J］. IEEE Transactions on Power Delivery, 2008, 23 (2): 866－872.

［89］ AMODA O A, TYLAVSKY D J, MCCULLA G A. Acceptability of three transformer hottest-spot temperature models［J］. IEEE Transactions on Power Delivery, 2012, 27 (1): 13－22.

［90］ 薛飞，陈炯. 太阳辐射对变压器热点温度计算影响的分析［J］. 电气技术，2015（4）: 18－21.

［91］ 谢裕清，李琳，宋雅吾，等. 油浸式电力变压器绕组温升的多物理场耦合计算方法［J］. 中国电机工程学报，2016，36（21）: 5957－5965.

［92］ 李琳，谢裕清，刘刚，等. 油浸式电力变压器饼式绕组温升的影响因素分析［J］. 电力自动化设备，2016，36（12）: 83－88.

［93］ RAEISIANA L, NIAZMANDA H, EBRAHIMNIA-BAJESTANB E, et al. Thermal management of a distribution transformer: An optimization study of the cooling system using CFD and response surface methodology［J］. Electrical Power and Energy Systems, 2019, 104: 443－455.

［94］ TSILI M A, AMOIRALIS E I, KLADAS A G, et al. Power transformer thermal analysis by using an advanced coupled 3D heat transfer and fluid flow FEM model［J］. International Journal of Thermal Sciences, 2012, 53 (3): 188－201.

［95］ TORRIANO F, PICHER P, CHAABAN M. Numerical investigation of 3D flow and thermal effects in a disc-type transformer winding ［J］. Applied Thermal Engineering, 2012 (40): 121 – 131.

［96］ SKILLEN A, REVELL A, IACOVIDES H, et al. Numerical prediction of local hot-spot phenomena in transformer windings ［J］. Applied Thermal Engineering, 2012, 36 (2): 96 – 105.

［97］ ARJONA M A, OVANDO-MARTINEZ R, HERNANDEZ C. Thermal-fluid transient two-dimensional characteristic-based-split finite-element model of a distribution transformer ［J］. IET Electric Power Applications, 2012, 6 (5): 260 – 267.

［98］ 陈伟根, 苏小平, 孙才新, 等. 基于有限体积法的油浸式变压器绕组温度分布计算 ［J］. 电力自动化设备, 2011, 31（6）: 23 – 27.

［99］ 王永强, 马伦, 律方成, 等. 基于有限差分和有限体积法相结合的油浸式变压器三维温度场计算 ［J］. 高电压技术, 2014, 40（10）: 3179 – 3185.

［100］ SMOLKA J. CFD-based 3-D optimization of the mutual coil configuration for the effective cooling of an electrical transformer ［J］. Applied Thermal Engineering, 2013, 50 (1): 124 – 133.

［101］ DAPONTE P, GRIMALDI D, PICCOLO A, et al. A neural diagnostic system for the monitoring of transformer heating ［J］. Measurement, 1996, 18 (1): 35 – 46.

［102］ IPPOLITO L, SIANO P. Identification of tagaki–sugeno–kang fuzzy model for power transformers' predictive overload system ［J］. IEEE Proceedings-Generation, Transmission and Distribution, 2004, 151 (5): 582 – 589.

［103］ GALDI V, IPPOLITO L, PICCOLO A, et al. Application of local memory-based techniques for power transformer thermal overload protection ［J］. IEEE Proceedings-Electric Power Applications, 2001, 148 (2): 163 – 170.

［104］ SAVAGHEBI M, GHOLAMI A, VAHEDi A, et al. A fuzzy based approach for transformer dynamic loading capability assessment ［C］//The 43rd International Universities Power Engineering Conference. Padova, Italy: ［s.n.］, 2008: 1 – 5.

［105］ SOUZA L M, LEMOS A P, CAMINHAS W M, et al. Thermal modeling of power transformers using evolving fuzzy systems ［J］. Engineering Applications of Artificial Intelligence, 2012, 25 (5): 980 – 988.

［106］PRADHAN M K, RAMU T S. Prediction of hottest spot temperature (HST) in power and station transformers［J］. IEEE Transactions on Power Delivery, 18 (4): 1275 – 1283.

［107］陈伟根，奚红娟，苏小平，等. 广义回归神经网络在变压器绕组热点温度预测中的应用［J］. 高电压技术，2012，38（1）：16 – 21.

［108］陈伟根，滕黎，刘军，等. 基于遗传优化支持向量机的变压器绕组热点温度预测模型［J］. 电工技术学报，2014，29（1）：44 – 51.

［109］徐潇源，王晗，严正，等. 能源转型背景下电力系统不确定性及应对方法综述［J］. 电力系统自动化，2021，45（16）：2 – 13.

［110］彭道刚，陈跃伟，钱玉良，等. 基于粒子群优化 – 支持向量回归的变压器绕组温度软测量模型［J］. 电工技术学报，2018，33（8）：1742 – 1749 + 1761.

［111］王永强，岳国良，何杰，等. 基于 Kalman 滤波算法的电力变压器顶层油温预测研究［J］. 高压电器，2014，50（8）：74 – 79 + 86.

［112］亓孝武，李可军，于小晏，等. 基于核极限学习机和 Bootstrap 方法的变压器顶层油温区间预测［J］. 中国电机工程学报，2017，37（19）：5821 – 5828 + 5860.

［113］李可军，亓孝武，魏本刚，等. 基于核极限学习机误差预测修正的变压器顶层油温预测［J］. 高电压技术，2017，43（12）：4045 – 4053.

［114］MAO X, TYLAVSKY D J, MCCULLA G A. Assessing the reliability of linear dynamic transformer thermal modelling［J］. IEE Proceedings Generation Transmission & Distribution, 2006, 153 (4): 414 – 422.

［115］JAUREGUI-RIVERA L, TYLAVSKY D J. Acceptability of four transformer top-oil thermal models—Part Ⅰ： defining metrics［J］. IEEE Transactions on Power Delivery, 2008, 23 (2): 860 – 865.

［116］AMODA O, TYLAVSKY D J, MCCULLA G, et al. Evaluation of hottest-spot temperature models using field measured transformer data［J］International Journal of Emerging Electric Power Systems, 2011, 12 (5): 2 – 18.

［117］缪希仁，林蔚青，肖洒，等. 基于条件互信息与 LSTNet 的特高压变压器顶层油温预测方法［J］. 电网技术，2022，46（7）：2601 – 2609.

［118］谭风雷，陈昊，何嘉弘. 基于通径分析和相似时刻的特高压变压器顶层油温预测［J］. 电力自动化设备，2021，41（11）：217 – 224.

［119］周利军，唐浩龙，王路伽，等. 基于顶层油温升的变压器过负载建模与分析［J］. 高

电压技术，2019，45（8）：2502－2508.

[120] 王喜秋. 基于机器学习的变压器顶层油温异常预警研究［D］. 南昌：南昌大学，2019.

[121] 林焱，林芳，杨超，等. 三相电流不平衡下油浸式电力变压器损耗及顶油温度的分析
与计算［J］. 电力系统及其自动化学报，2020，32（9）：20－27.

[122] 王金丽，段祥骏，李云江，等. 配电网低电压产生原因与综合治理措施［J］. 供用电，
2016，33（7）：8－12.

[123] 方恒福，盛万兴，王金丽，等. 变压器三相负荷不平衡实时在线治理方法研究［J］. 中
国电机工程学报，2015，35（9）：2185－2193.

[124] 廖才波，阮江军，蔚超，等. 变压器热点温度研究方法综述［J］. 高压电器，2018，
54（7）：79－86.

[125] XUE J K, SHEN B. A novel swarm intelligence optimization approach: sparrow search
algorithm［J］. Systems Science & Control Engineering, 2020, 8 (1): 22－34.

[126] 王文彬，伍小生，陈霖，等. 基于改进型蚁群算法的配电网高油温治理自动规划研究
［J］. 武汉大学学报（工学版），2018，51（9）：831－836.

[127] 谢峥，杨楠，刘钊，等. 考虑不确定性和安全效能成本的配电网高油温综合治理方法
［J］. 电力系统保护与控制，2020，48（9）：36－48.

[128] 刘林青，葛云龙，李梦宇，等. 基于量测数据和数据驱动技术的变压器状态监测与故
障诊断［J］. 高压电器，2020，56（9）：11－19.

[129] 石鑫，朱永利，萨初日拉，等. 基于深度信念网络的电力变压器故障分类建模［J］. 电
力系统保护与控制，2016，44（1）：71－76.